Tasty Food
食在好吃

豆类家常菜
这样做最好吃

尚云青 于雅婷 主编

江苏凤凰科学技术出版社 凤凰含章

图书在版编目（CIP）数据

豆类家常菜这样做最好吃 / 尚云青，于雅婷主编
. -- 南京：江苏凤凰科学技术出版社，2015.10
（食在好吃系列）
ISBN 978-7-5537-4244-1

Ⅰ. ①豆… Ⅱ. ①尚… ②于… Ⅲ. ①豆制食品 – 菜谱 Ⅳ. ① TS972.123

中国版本图书馆 CIP 数据核字 (2015) 第 049087 号

豆类家常菜这样做最好吃

主　　编	尚云青　　于雅婷
责任编辑	张远文　　葛　昀
责任监制	曹叶平　　周雅婷
出版发行	凤凰出版传媒股份有限公司 江苏凤凰科学技术出版社
出版社地址	南京市湖南路 1 号 A 楼，邮编：210009
出版社网址	http://www.pspress.cn
经　　销	凤凰出版传媒股份有限公司
印　　刷	北京旭丰源印刷技术有限公司
开　　本	718mm × 1000mm　1/16
印　　张	10
插　　页	4
字　　数	250千字
版　　次	2015年10月第1版
印　　次	2015年10月第1次印刷
标准书号	ISBN 978-7-5537-4244-1
定　　价	29.80元

前言

随着社会进步以及生活水平的提高，人们对营养的需求已超出单纯满足生存或者预防缺乏病的范畴，而是通过摄入种类齐全、数量充足、比例适合的各种营养素，保持健康状态，提高人类生存质量，延长生存年限。豆类及其制品作为“中国营养学会”推荐的《中国居民膳食指南》中的一部分，与我们的健康密不可分。

民间自古就有“每天吃豆三钱，何需服药连年”的谚语，意思是说如果每天都能吃点豆类，可以有效抵抗疾病。现代营养学也证明，如果每天坚持食用豆类食品，只要两周的时间，人体就可以减少脂肪含量比例，增强免疫力，降低患病的概率。因此，很多营养学家都呼吁，用豆类食品代替一定量的肉类等动物性食品，因为这可能是解决城市中人营养不良和营养过剩双重负担的最好方法。

本书是一本家庭实用、健康养生兼备的菜谱图书，介绍了数百种豆类佳肴的制作方法，并提供了豆腐、豆豉、豆干、豆皮等豆类制品的品种介绍、保健功效、食用宜忌等。书中每一款美食都有详细的步骤解析，并配有精美的图片，直观方便、易于操作，可指导你轻松做出美味的营养餐，是全家人的健康美食必备书。

目录

01 豆腐家常菜

02 其他豆制品

03
豆香风味菜

04
黄豆养生菜

05
青豆养生菜

06
赤小豆养生菜

07
豌豆养生菜

08
蚕豆养生菜

黄豆

黄豆为豆科植物大豆的种子，又叫大豆、黄大豆，是所有豆类中营养价值最高的。在数百种天然食物中，黄豆最受营养学家推崇，故黄豆有“田中之肉”、“植物蛋白之王”等美誉。

营养点评

黄豆富含蛋白质、钙、锌、铁、磷、糖类、膳食纤维、卵磷脂、异黄酮素、维生素B_1和维生素E等营养素。现代医学研究证明，黄豆有诸多保健功能。黄豆含丰富的铁，可防治缺铁性贫血，对婴幼儿及孕妇尤为重要；黄豆中也含有丰富的锌，锌具有促进生长发育、防治不育症等作用；黄豆所含的维生素B_1可促进婴儿脑部的发育，防治肌肉痉挛；黄豆中的大豆蛋白质和豆固醇，能明显地降低血脂和胆固醇，从而降低患心血管疾病的概率；黄豆脂肪富含不饱和脂肪酸和大豆磷脂，有保持血管弹性、健脑和预防脂肪肝形成的作用。常食黄豆制品不仅可预防肠癌、胃癌，还可预防老年斑、老年夜盲症的形成，增强老年人记忆力，所以说黄豆是食疗保健的最佳食品。

养生功效

增强免疫力：黄豆含植物性蛋白质，有“植物肉”的美称。人体如果缺少蛋白质，会出现免疫力下降、容易疲劳等症状，所以常吃黄豆能补充蛋白质，增强免疫力。

提神健脑：黄豆富含大豆卵磷脂，大豆卵磷脂是大脑的重要组成成分之一，所以常吃黄豆有助于预防阿尔茨海默症。此外，大豆卵磷脂中的甾醇可增强神经功能。

强化功能：大豆卵磷脂还能促进脂溶性维生素的吸收，强化人体各组织器官的功能。另外，大豆卵磷脂还可以降低胆固醇，改善脂质代谢，辅助治疗冠状动脉硬化。

提高精力：黄豆中的蛋白质可以调节大脑皮质的功能，提高学习和工作效率，还有助于缓解沮丧、抑郁的情绪。

美容护肤：黄豆富含大豆异黄酮，这种植物雌激素能延缓皮肤衰老、缓解更年期综合征症状。此外，日本研究人员发现，黄豆中含有的亚油酸可以有效阻止皮肤细胞中黑色素的合成。

预防肿瘤：黄豆中含有蛋白酶抑制剂，美国纽约大学研究发现，蛋白酶抑制剂可以抑制多种肿瘤细胞的生成，其中对乳腺肿瘤细胞的抑制效果最为明显。

抗氧化：黄豆中的大豆皂苷能清除体内的自由基，具有抗氧化的作用。大豆皂苷还能抑制肿瘤细胞的生长，增强人体免疫功能。

降低血脂：黄豆中的植物固醇有降低血液中胆固醇含量的作用，在肠道内与“坏胆固醇”竞争，减少人体对“坏胆固醇”的吸收。植物固醇在降低高脂血症患者血液中“坏胆固醇”含量的同时，不影响人体对“好胆固醇”的吸收，有很好的降脂效果。

预防耳聋：补充铁质可以扩张微血管、软化红细胞，保证耳部的血液供应，有效防止听力减退。黄豆中铁和锌的含量较其他食物丰富，所以对预防老年人耳聋有很好的作用。

辅助降压：美国科学家研究发现，高血压患者在饮食中摄入的钠过多、钾过少。摄入高钾食物，可以促使体内过多的钠盐排出，有辅助降压的效果。黄豆含有丰富的钾元素，每100克黄豆含钾量高达1503毫克。高血压患者常吃黄豆，对及时补充体内的钾元素很有帮助。

选购与保存

选购

观色泽：好的黄豆色泽黄得自然、鲜艳；劣质黄豆色泽暗淡、无光泽。

看质地：颗粒饱满且整齐均匀，无破瓣、无虫害、无霉变的为优质黄豆；颗粒瘦瘪、不完整、有虫蛀、霉变的为劣质黄豆。

看水分：牙咬豆粒，声音清脆，成碎粒，说明黄豆干燥；声音不脆则说明黄豆潮湿。

闻气味：优质黄豆具有正常的香气和口味，劣质黄豆有酸味或霉味。

保存

晒干，用塑料袋装起来，放阴凉干燥处保存即可。

搭配宜忌

黄豆的黄金搭配

黄豆+香菜 健脾宽中、祛风解毒。

黄豆+牛蹄 预防颈椎病、美容。

黄豆+胡萝卜 有助骨骼发育。

黄豆+白菜 预防乳腺癌。

黄豆+花生 丰胸、促进乳汁分泌。

黄豆+红枣 补血、降血脂。

黄豆+茄子 润燥消肿。

黄豆+茼蒿 缓解更年期综合征症状。

黄豆的不宜搭配

黄豆+虾皮 影响钙的消化吸收。

黄豆+核桃 导致腹胀、消化不良。

黄豆+菠菜 不利于营养的吸收。

黄豆+酸奶 黄豆与酸奶同食会影响钙的消化吸收。

青 豆

青豆是籽粒饱满、尚未老熟的黄豆。青豆皮为绿色，形状浑圆，咸淡之间又略有清甜味，清闲嚼食或佐酒品茶，滋味隽永、满口清香。

营养点评

青豆富含B族维生素、铜、锌、镁、钾、膳食纤维、糖类。青豆不含胆固醇，可降低心血管疾病、癌症发生的概率。每天吃适量青豆，可降低血液中的胆固醇。青豆还富含不饱和脂肪酸和大豆磷脂，有保持血管弹性、健脑和防止脂肪肝形成的作用。

青豆含有丰富的蛋白质、叶酸、膳食纤维和人体必需的多种氨基酸，能补肝养胃、强筋骨、养颜、乌发、明目。

养生功效

降低胆固醇：青豆中不饱和脂肪酸含量高，不饱和脂肪酸可以改善脂肪代谢，降低人体中甘油三酯和胆固醇含量。

降低血脂：青豆中含有能清除血管壁上堆积的脂肪的化合物，起到降血脂和降低血液中胆固醇含量的作用。

提神健脑：青豆中的卵磷脂是大脑发育不可缺少的营养素之一，可以提高大脑的记忆力和智力水平。

润肠通便：青豆中含有丰富的膳食纤维，可以改善便秘，降低血压和胆固醇。

补充钾元素：青豆中的钾含量很高，夏天食用可以帮助弥补因出汗过多而导致的钾流失，缓解由于钾流失而引起的疲乏无力和食欲下降等症状。

补充铁质：青豆富含易于人体吸收的铁，故可将青豆作为儿童补充铁的食物之一。

瘦身排毒：青豆营养丰富均衡，含有对人体有益的活性成分，经常食用，对女性保持苗条身材有很好的作用；对肥胖症、高脂血症等疾病有预防和辅助治疗的作用。

选购与保存

选购：在挑选青豆时，不能轻信个大、颜色鲜艳的就是优质的这种说法。购买青豆后，可以用清水浸泡一下，真正的青豆浸泡后不会掉色。

保存：把青豆用开水烫一下，然后用冷水冲凉，再放进冷冻室，可长期保存。

搭配宜忌

青豆的黄金搭配

青豆+丝瓜 增强抵抗力。
青豆+花生 健脑益智。
青豆+平菇 预防感冒。
青豆+鸡腿菇 降血糖、降血脂。
青豆+香菇 益气补虚、增强免疫力。

青豆的不宜搭配

青豆+牛肝 降低营养价值。
青豆+羊肝 失去二者原有的营养功效。

豌豆

豌豆又称雪豆、寒豆。因豌豆圆润鲜绿，十分好看，常用来配菜，以增加菜肴的色彩，促进食欲。

营养点评

豌豆可以有效缓解脚气病、糖尿病、产后乳汁不足等症。豌豆蛋白质含量丰富，含有人体所必需的8种氨基酸，能预防坏血病，阻断人体中亚硝胺的合成，阻断外来致癌物的活化，解除外来致癌物的致癌毒性，提高免疫功能；嫩豌豆中还含有能分解亚硝胺的酶，因此具有较好的强身健体作用。豌豆中所含的维生素C还具有美容养颜的功效。另外，豌豆中还含有植物性雌激素，可以缓解更年期女性的不适症状。

中医认为，豌豆有和中益气、利小便、解疮毒、通乳及消肿的功效，是脱肛、慢性腹泻、子宫脱垂等中气不足病症的食疗佳品。哺乳期女性多吃点豌豆还可促进乳汁分泌。

养生功效

增强免疫力：豌豆中富含人体所需的优质蛋白质，可以提高人体免疫力。

抑制癌细胞形成：豌豆中富含胡萝卜素，食用后可抑制人体中致癌物的合成，从而抑制癌细胞的形成，降低癌症的发病率。

通利大肠：豌豆中富含粗纤维，能促进大肠蠕动，保持大便通畅，维持肠道健康。

选购与保存

选购：颗粒均匀、饱满，颜色鲜绿的嫩豌豆较好。

保存：去壳的嫩豌豆如果未经烹饪，适于冷冻保存。将豌豆（千万不要沾水，去壳后直接保存）放进袋子里，密封好以后平铺，尽量使每粒豌豆之间留有空隙，不要和其他豆子挤在一起，然后放入冰箱的冷冻室里，直接冷冻就行了。想吃的时候再拿出来，放在室温下自然解冻即可，最好在1个月内吃完。

搭配宜忌

豌豆的黄金搭配

豌豆+小麦 预防结肠癌。

豌豆+大米 增强免疫力。

豌豆的不宜搭配

豌豆+酸奶 会降低营养价值。

01

豆腐家常菜

豆腐是我国炼丹家——淮南王刘安发明的绿色健康食品。其品种繁多，具有风味独特、制作工艺简单、食用方便的特点。

开胃消食

煎炒豆腐

材料

豆腐	300 克
五花肉	200 克

调料

盐	3 克
青辣椒圈	20 克
红辣椒圈	20 克
食用油	适量
豆瓣酱	适量
葱花	适量
蒜末	适量
酱油	适量
鸡精	适量
香菜段	适量
紫甘蓝丝	适量

做法

❶ 豆腐洗净切片，入油锅煎透后捞起；五花肉洗净，汆熟，切片。

❷ 热锅倒入适量食用油，加蒜末爆香，放入五花肉稍炒；再把煎好的豆腐倒入锅中，用大火翻炒 1 分钟，再加辣椒圈、豆瓣酱、酱油、少许水焖煮 2 分钟。

❸ 待收汁后加盐、鸡精、葱花调味，装入煲中，撒上香菜段和紫甘蓝丝即可。

宜 √ 此菜对于缺铁性贫血患者有益。

忌 × 高脂血症患者不宜食用此菜。

降低血糖

辣椒豆腐块

材料

豆腐 300 克，红辣椒、黄瓜各 10 克，上海青 20 克。

调料

香油、盐、胡椒粉各适量。

做法

1. 豆腐洗净切片；红辣椒、黄瓜洗净切末；上海青洗净，烫熟，摆入盘中。
2. 豆腐先用油炸至金黄色捞起装碟；撒上盐、胡椒粉大火蒸 3 分钟。
3. 撒上红辣椒、黄瓜末，淋上香油即可。

宜	√ 黄瓜中所含的丙醇二酸，可抑制糖类物质转变为脂肪。
忌	× 腹痛腹胀者不宜食用此菜。

清热解毒

小葱拌豆腐

材料

小葱 20 克，豆腐 1 盒。

调料

盐 3 克，香油 4 毫升，姜汁少许。

做法

1. 将盒装豆腐去掉薄膜，用小刀划成方块，倒扣入盘；小葱洗净切花备用。
2. 取 1 个碗，加入盐，用少许水溶化，再加入香油、姜汁，调成味汁。
3. 将味汁淋在豆腐上，撒上葱花即成。

大厨献招

小葱可生吃，切碎后直接撒在豆腐上还能增味增香。

宜	√ 姜汁有助于祛除体内风寒。
忌	× 胃酸多者不宜多食此菜。

增强免疫力

酱椒蒸豆腐

材料

豆腐 300 克，梅菜 30 克。

调料

辣椒酱、蒜、盐、橄榄油、味精、葱各适量。

做法

1. 豆腐洗净，切成片状装碟；梅菜、蒜、葱洗净切末。
2. 用碗将梅菜、辣椒酱、蒜、盐、味精拌匀；将这些酱汁放在豆腐上面，放入锅中蒸 10 分钟。
3. 熟后淋上橄榄油，撒上葱末即可。

大厨献招

放少许芝麻味道更香。

宜 √ 适量进食橄榄油可预防心脑血管疾病。

忌 × 肾衰竭患者不宜多食此菜。

养心润肺

宫廷一品豆腐

材料

豆腐 200 克，咸蛋黄、皮蛋各 50 克，虾肉、蚕豆、玉米粒、瓜子仁各 80 克。

调料

盐、香油各适量。

做法

1. 豆腐洗净切碎，放在碟里；蚕豆、玉米粒洗净；皮蛋去壳切块。
2. 摆上咸蛋黄、皮蛋、虾肉、蚕豆、玉米粒、瓜子仁，摆成如图所示的花样，也可依个人喜爱摆盘。加入盐，放进锅里蒸 15 分钟，淋上香油即可。

宜 √ 适量进食蚕豆，有利于人体的生长发育。

忌 × 肾功能不全者最好少吃此菜。

排毒瘦身

湘菜豆腐

材料

豆腐 500 克。

调料

香菜、芝麻、红辣椒、葱、咸菜、盐、酱油、食用油、香油各适量。

做法

1. 豆腐洗净切块摆碟；香菜、红辣椒、葱均洗净切末；咸菜切末。
2. 豆腐先放进锅里蒸 8 分钟；锅放油烧热，将红辣椒、葱、咸菜爆香，均匀地撒在豆腐上。
3. 撒上香菜、芝麻和香油即可。

宜 √ 因芝麻含油脂甚多，故能润肠通便。

忌 × 肾功能不全者最好少吃此菜。

降低血糖

山水豆腐

材料

豆腐 200 克，青辣椒、红辣椒各适量。

调料

盐 2 克，青剁椒 20 克，胡椒粉、味精、姜汁各适量。

做法

1. 豆腐洗净切成丁，红辣椒、青辣椒洗净切丝。
2. 将豆腐装盘，加盐、胡椒粉、味精、姜汁调味，放入青剁椒一起入蒸锅蒸熟后取出，撒上青辣椒丝、红辣椒丝即可。

大厨献招

加入蒜，味道会更佳。

宜 √ 小剂量胡椒粉能增进食欲，对消化不良有治疗作用。

忌 × 此菜对更年期女性有益。

补益肝肾

三鲜豆腐

材料

豆腐300克，虾仁、海蜇皮、青辣椒、红辣椒各适量。

调料

盐3克，味精1克，香油适量。

做法

1. 豆腐用清水浸泡片刻，捞出沥干，切片；虾仁洗净，沥干备用；鱿鱼洗净表面打花刀，再切成段；海蜇皮洗净，切段；青辣椒、红辣椒分别洗净，切菱形块。
2. 将所有原材料装盘，撒上盐和味精，入蒸笼中蒸至熟透，淋上香油即可食用。

宜	√ 此菜对于肝肾亏损者有益。
忌	× 尿路结石患者不宜多食此菜。

降低血脂

富贵豆腐

材料

豆腐500克。

调料

盐3克，葱、干红辣椒、蒸鱼豉油、食用油、酱油、辣椒油、鸡精、香油各适量。

做法

1. 将豆腐洗净；葱洗净，切成段；干红辣椒洗净，切成段。
2. 起油锅，小火煸炒干红辣椒、葱至香味溢出，加入盐、蒸鱼豉油、酱油、辣椒油、鸡精和适量水，烧开制成酱汁。
3. 将酱汁倒在豆腐上，淋上香油，拌匀即可。

宜	√ 干红辣椒能健脾开胃，适量食用可增食欲，祛胃寒。
忌	× 酸中毒患者不宜食用此菜。

排毒瘦身

块豆腐

材料

豆腐 400 克。

调料

盐 3 克，葱、香菜、白芝麻、姜、蒜、辣椒油、生抽、熟油各适量。

做法

1. 豆腐洗净摆盘；葱、姜、蒜洗净切末；香菜洗净分成小枝。
2. 在豆腐上撒上少许盐、白芝麻、葱花，盘边用香菜装饰。
3. 取碗，加入少许盐、白芝麻、姜蒜末、葱花、辣椒油、生抽、熟油调成酱汁，佐食。

宜	√ 脾胃虚寒的人适度吃点香菜也可起到温胃散寒的作用。
忌	× 热毒壅盛而疹出不畅者忌食香菜。

增强免疫力

牛肉豆腐

材料

牛里脊肉、豆腐各 200 克，红辣椒丝适量。

调料

葱 20 克，姜、豆瓣各 10 克，蒜、盐各 5 克，食用油少许，料酒 4 毫升。

做法

1. 牛里脊肉洗净切粒；豆腐洗净上笼蒸熟；葱洗净切段；姜洗净切末；蒜洗净切末。
2. 锅中注食用油烧热，放入牛里脊肉粒爆炒，加入豆瓣、姜末、蒜末，烹入料酒，加入盐、葱段、红辣椒丝煮开，盛在蒸好的豆腐上即可。

宜	√ 适当食用牛肉有助于预防缺铁性贫血。
忌	× 高热神昏者不宜多食此菜。

排毒瘦身

特色葱油豆腐

材料

大葱 20 克，豆腐 1 块。

调料

盐 3 克，干红辣椒 20 克，色拉油 50 毫升，酱油、香油、姜、白糖各适量。

做法

1. 姜、大葱洗净，切片；干红辣椒洗净切圈；嫩豆腐以开水汆烫一下，捞起沥干水分，放凉待用。
2. 起锅，放入色拉油，放入大葱、姜片、干红辣椒，加入酱油、白糖，用小火慢熬出味后出锅，倒在豆腐上。
3. 起锅后淋上香油即成。

宜	√ 大葱含有微量元素硒，并可降低胃液内的亚硝酸盐含量。
忌	× 有严重肝病者不宜食用此菜。

开胃消食

四季豆腐

材料

豆腐 3 块。

调料

皮蛋、瓜子仁、辣椒酱各 10 克，红辣椒 5 克，香菜 2 克，盐、香油适量。

做法

1. 豆腐洗净切片；红辣椒、香菜洗净；皮蛋、红辣椒、香菜切小块。
2. 豆腐分成 4 份摆碟，分别放上皮蛋、瓜子仁、辣椒酱、红辣椒、香菜。
3. 加入盐、香油即可。

宜	√ 寒性体质的人适当吃点香菜可以缓解胃部冷痛。
忌	× 慢性皮肤病患者不宜食用此菜。

增强免疫力

西施豆腐

材料

豆腐 4 块，肉松、皮蛋、辣椒酱各 50 克。

调料

盐、红油、香油、鸡精、葱末少许。

做法

❶ 豆腐洗净切片，摆碟；皮蛋切小块。
❷ 将肉松、皮蛋、辣椒酱放在豆腐上。
❸ 撒上盐、红油、香油、鸡精、葱末。

大厨献招

加少许生抽调味，味道更好。

宜 √ 皮蛋有润肺养阴的功效。
忌 × 皮蛋不宜与甲鱼同食。

降低血压

冷豆腐

材料

日本豆腐 250 克。

调料

盐 3 克，柴鱼丝、葱末、海苔末、姜泥、冷豆腐酱油各适量。

做法

❶ 将豆腐切成若干块，倒入净水，将冰块放入净水中，以保持豆腐的温度。
❷ 在碗中盛入特制冷豆腐酱油，用漏勺将豆腐舀入酱油中，将柴鱼丝放到豆腐上，依个人口味放入葱末、海苔末、姜泥。

宜 √ 姜有抑制癌细胞活性的作用。
忌 × 腹寒泻泄的人不宜多食此菜。

开胃消食

青豆蒸臭豆腐

材料

青豆 200 克，臭豆腐 6 块，辣椒酱 50 克。

调料

蒜 10 克，料酒 10 毫升，盐 5 克，味精 2 克，香油少许。

做法

1. 将臭豆腐洗净切小块。
2. 青豆洗净装入碗中，用臭豆腐围边。
3. 加入所有调料，上笼蒸熟即成。

大厨献招

加适量生抽，此菜味道更佳。

宜	√ 青豆有预防脂肪肝形成的功效。
忌	× 过敏者不宜吃此菜。

排毒瘦身

洋葱炒豆腐

材料

豆腐450克，黑木耳、洋葱、红辣椒、青辣椒各适量。

调料

盐 3 克，生抽、蒜末、食用油、红油各适量。

做法

1. 豆腐洗净切块；黑木耳洗净，切段；洋葱、青辣椒、红辣椒洗净切片。
2. 锅热倒入食用油，爆香蒜末，下黑木耳、红辣椒、青辣椒和洋葱，倒入豆腐翻炒，加少许盐和生抽，略炒，盛盘。
3. 最后淋上红油即可。

宜	√ 洋葱含有硫化丙烯的油脂性挥发物，有发散风寒的作用。
忌	× 洋葱一次不宜食用过多，否则容易引起目糊和发热。

开胃消食

冻豆腐

材料

冻豆腐 400 克。

调料

盐 3 克，香菜、鸡精、香油各少许。

做法

❶ 冻豆腐洗净，切长条，用玫瑰和香菜装饰摆在碟上。

❷ 撒上鸡精、香油、盐。

❸ 放在冰箱冷藏 8 小时即可。

大厨献招

冰冻过更入味消暑，适合天气热时食用。

宜	√ 此菜有助于患者经行病后调养。
忌	× 痛风患者不宜多吃此菜。

养心润肺

大盘切片豆腐

材料

豆腐 3 块。

调料

青辣椒、红辣椒、玉米、香菇、猪瘦肉各 5 克，红油、盐、鸡精、香油、食用油各适量。

做法

❶ 豆腐洗净，切片摆碟；青辣椒、红辣椒、香菇、猪瘦肉洗净切小块。

❷ 锅放适量食用油，加入青辣椒、红辣椒、玉米、香菇、猪瘦肉翻炒，加入水、盐、红油、鸡精煮 5 分钟。

❸ 煮熟后倒在豆腐外围上，淋入香油。

宜	√ 适量进食香菇，可增强人体抵抗疾病的能力。
忌	× 此菜不宜与菠菜同食。

提神健脑

东北豆花

材料

黄豆 500 克，猪瘦肉 100 克。

调料

盐 3 克，内脂、酱油、料酒、水淀粉、葱花、麻酱、食用油各适量。

做法

1. 黄豆洗净，加水打成豆浆；猪瘦肉洗净切末，加酱油、料酒、水淀粉腌渍。
2. 将豆浆煮开后，晾凉，内脂用水溶化，倒入豆浆中搅匀，隔水加热凝固成豆花状。
3. 热锅中加入食用油，入肉末炒散，加酱油、麻酱调味，倒入清水煮沸，加水淀粉勾芡，制成卤汁，淋在豆花上即可，最后撒上葱花点缀。

宜 √ 此菜对面黄羸瘦者有益。

忌 × 血脂较高者不宜食用此菜。

降低血糖

草菇虾米豆腐

材料

草菇 100 克，虾米 20 克，豆腐 150 克。

调料

香油 5 毫升，盐、食用油各适量。

做法

1. 草菇洗净，沥干，切成片，放热油锅中炒熟，出锅晾凉；虾米洗净，放热水中泡发，捞出切成碎末。
2. 豆腐用沸水烫一下捞出，放入碗内晾凉，沥干，加盐，将豆腐打散拌匀；将虾米撒在豆腐上，加香油拌匀后，扣入盘内，摆上草菇片即可。

宜 √ 虾米与豆腐同食，补钙壮骨的功效更佳。

忌 × 支气管炎患者应慎食此菜。

增强免疫力

萝卜泥银鱼豆腐

材料

白萝卜少量，银鱼 50 克，嫩豆腐 1 块。

调料

葱 1 根，酱油 3 毫升。

做法

1. 白萝卜削皮洗净，磨成泥，稍微挤干水分。
2. 葱洗净切末；银鱼入锅煮熟，捞出。
3. 豆腐盛盘，顶上铺萝卜泥、银鱼，撒上葱末，淋上酱油即成。

大厨献招

烹饪此菜不要加醋，以免营养流失。

宜 ✓ 银鱼有润肺止咳的营养功效。

忌 × 皮肤过敏者应慎食此菜。

降低血压

汉堡豆腐

材料

豆腐 500 克。

调料

盐 3 克，香菜、黄瓜、香油各适量。

做法

1. 豆腐用凉水冲洗后，放在盐水中浸泡备用。
2. 锅内烧开水，将豆腐放入水中焯烫后捞起，把豆腐弄碎，用模具定型成汉堡状，汉堡中间放入香菜、黄瓜。
3. 淋上香油即可。

大厨献招

加点葱白丝，味道更佳。

宜 ✓ 黄瓜可促进人体新陈代谢，能治疗晒伤、雀斑和皮肤过敏。

忌 × 黄瓜不宜和辣椒、菠菜同食。

开胃消食

开胃煎豆腐

材料

豆腐 500 克。

调料

盐、葱花、蒜末、红辣椒末、姜末、酱油、鸡精、红油、食用油各适量。

做法

❶ 锅内倒入适量食用油，将豆腐切成薄片入油锅炸，至表皮焦黄色时捞起。

❷ 锅内留少许油，放入蒜末、红辣椒末、姜末爆香，加入炸好的豆腐翻炒。

❸ 起锅前加适量红油、盐、酱油、鸡精翻炒，最后装盘撒上葱花即可。

宜 ✓ 此菜对于脾胃不振者有益。

忌 × 此菜不宜与木瓜同食。

增强免疫力

炸酱豆腐

材料

豆腐 200 克，胡萝卜 50 克，红辣椒 50 克，猪瘦肉 100 克。

调料

盐、料酒、葱花、姜末、鸡精、食用油各适量。

做法

❶ 豆腐洗净切小块，入油锅煎至两面变黄后捞出摆盘；胡萝卜、红辣椒、猪瘦肉均洗净切丁。

❷ 油锅上火，入姜末爆香，放入猪瘦肉丁爆炒，加少许料酒翻炒，加入胡萝卜丁、红辣椒丁继续大火翻炒，加适量盐、鸡精收汁即可。

❸ 将炒好的炸酱倒在豆腐中央，撒上葱花即可。

宜 ✓ 红辣椒具有较好的抗氧化作用。

忌 × 肝火旺盛者不宜食用此菜。

开胃消食

客家煲仔豆腐

材料

豆腐 200 克，青菜 50 克。

调料

食用油、盐、熟黄豆、姜末、葱花、蚝油、胡椒粉、鸡精各适量。

做法

❶ 豆腐洗净切块；青菜用开水焯熟待用。

❷ 平底锅中放食用油，放入豆腐煎至两面金黄待用。

❸ 锅内留少许油，加姜末、盐、胡椒粉、鸡精、蚝油和适量水，用大火烧开起泡，做成酱汁；依序青菜、熟黄豆和豆腐一起装盘，淋上酱汁，撒上葱花即可。

宜	√ 此菜对于更年期女性有益。
忌	× 子宫肌瘤患者忌食此菜。

增强免疫力

小炒煎豆腐

材料

豆腐 300 克，红辣椒圈 20 克。

调料

盐 3 克，葱白 10 克，食用油、香菜段、蒜末、酱油、鸡精各适量。

做法

❶ 将豆腐洗净切成薄片，平底锅中倒入适量食用油，将豆腐煎透后捞起。

❷ 锅内留少许油，加蒜末爆香，放入豆腐轻轻翻炒 3 分钟；加入适量盐、酱油、鸡精炒匀，即可出锅。

❸ 装盘，撒上葱白、红辣椒圈 、香菜段即可。

宜	√ 此菜对气血不足者有益。
忌	× 有疖疮、目疾者不宜食用此菜。

降低血糖

冷拌豆腐

材料

豆腐1盒，柴鱼50克。

调料

盐3克，食用油、葱花、酱油、陈醋、剁椒各适量

做法

1. 豆腐洗净沥干；柴鱼洗净切成片，放入干锅烘炒备用。
2. 起油锅，加入盐、酱油、陈醋、剁椒和适量水，煮熟成酱汁，盛出放凉。
3. 将豆腐摆入盘中，均匀地淋上酱汁，撒上葱花、柴鱼片即成。

大厨献招

剁椒已有咸味，所以放少量食盐即可。

宜	√ 柴鱼有强身补虚的功效。
忌	× 痢疾患者不宜多食此菜。

提神健脑

百花酿豆腐

材料

花状豆腐300克，猪瘦肉、西蓝花各150克，青辣椒、红辣椒各10克。

调料

姜、料酒、水淀粉、盐各适量。

做法

1. 花状豆腐洗净，中间挖空摆碟；姜去皮洗净切末；猪瘦肉洗净剁成末，用姜末、料酒、盐、水淀粉腌一下；青辣椒、红辣椒洗净切末；西蓝花洗净，掰成大小均匀的朵。
2. 肉末放入豆腐中间，加入西蓝花，放入锅中蒸10分钟，撒上青、红辣椒末即可。可按个人喜好摆盘。

宜	√ 适量进食西蓝花可增强肝脏的解毒能力。
忌	× 泌尿系统结石患者不宜多食此菜。

增强免疫力

清远煎酿豆腐

材料

豆腐	200 克
去皮五花肉	100 克
青菜	50 克

调料

盐	适量
葱花	适量
白糖	适量
胡椒粉	适量
鸡精	适量
淀粉	适量
食用油	适量
清汤	适量

做法

1. 豆腐洗净切长方块；去皮五花肉洗净剁碎，加所有调料拌匀；青菜洗净焯熟待用。
2. 在每块豆腐中间挖个小洞，放入肉馅。平底锅中加适量油，放入酿好的豆腐煎至两面金黄。
3. 将豆腐放入砂锅，加清汤、盐、胡椒粉煮熟，加鸡精调味，最后和青菜一起装盘，撒上葱花即可。

宜 √ 适量进食青菜可保护眼睛、提高视力。

忌 × 青菜对于体形偏胖者有益。

保肝护肾

豆腐红枣泥鳅汤

材料

豆腐 200 克，红枣 50 克，泥鳅 300 克。

调料

盐少许，味精 3 克，高汤适量。

做法

❶ 将泥鳅洗净备用；豆腐洗净切小块；红枣洗净。

❷ 锅上火倒入高汤，调入盐、味精，加入泥鳅、豆腐、红枣煲至熟即可。

大厨献招

泥鳅不宜煮太久，否则会无法保持完整形状。

宜	√ 泥鳅有补肾的功效，对于肾虚等症状有一定缓解作用。
忌	× 痢疾患者不宜多食此菜。

排毒瘦身

丝瓜豆腐汤

材料

丝瓜 150 克，嫩豆腐 200 克。

调料

姜 10 克，葱 15 克，盐 5 克，味精 2 克，酱油 4 毫升，醋、食用油各少许。

做法

❶ 将丝瓜去皮洗净切片；豆腐洗净切小块；姜洗净切丝；葱洗净切末。

❷ 热锅放油，投入姜丝、葱末煸香，加适量水，下豆腐块和丝瓜片，大火烧沸。

❸ 用小火煮 3 ~ 5 分钟，调入盐、味精、酱油、醋，调匀即成。

宜	√ 丝瓜富含 B 族维生素和维生素 C，可抗衰老和美白。
忌	× 胃寒泄泻者不宜多食此菜。

开胃消食

酸辣豆腐汤

材料

酸菜少许，剁椒 10 克，豆腐 350 克。

调料

葱 15 克，高汤 350 毫升，食用油少许，盐 3 克，味精 2 克，胡椒粉 2 克。

做法

1. 豆腐洗净切成长条状，焯水后漂洗干净；酸菜、葱均洗净，切碎。
2. 锅中加食用油烧热，下入酸菜炒香，再倒入高汤烧开，放入豆腐条、剁椒煮至豆腐熟。
3. 加入盐、味精、胡椒粉调味，撒上葱花起锅即可。

宜 √ 葱有降血脂、降血压、降血糖的作用。

忌 × 火毒炽盛者不宜多食此菜。

补充营养

过桥豆腐

材料

豆腐 100 克，猪瘦肉 50 克，鸡蛋 4 个。

调料

盐、红辣椒、葱花、料酒、香油、食用油各适量。

做法

1. 豆腐洗净切片；红辣椒洗净切碎；猪瘦肉洗净切碎加料酒、红辣椒末腌渍 2 分钟。
2. 将豆腐片在盘中列成一排，猪瘦肉末铺在豆腐上。豆腐两边各打 2 个鸡蛋，加入适量水，入蒸锅蒸 15 分钟。
3. 锅内倒入少许食用油，加盐和水，大火烧开后直接淋在盘上。最后淋上香油、撒上葱花即可。

宜 √ 香油有保肝护心、延缓衰老的功效。

忌 × 肾功能不全者最好少吃此菜。

开胃消食

奇味豆腐

材料

豆腐 300 克，豆豉 40 克。

调料

盐 3 克，青辣椒、红辣椒、香菜、香油、食用油、白糖、味精各适量。

做法

1. 豆腐洗净，摆入盘中；青辣椒、红辣椒洗净，切丝。
2. 起油锅，放入豆豉爆香，加入盐、白糖、味精，翻炒均匀后出锅，倒在豆腐上。
3. 将青辣椒丝、红辣椒丝、香菜放在豆腐上，淋上香油即成。

宜 √ 常食豆豉有清热解毒的功效，可以治疗头痛、感冒。

忌 × 胃寒泄泻者不宜多食此菜。

增强免疫力

西红柿豆腐汤

材料

西红柿 100 克，豆腐 300 克。

调料

盐、姜、香油、鸡精、葱花、食用油各适量。

做法

1. 豆腐洗净切成小块；西红柿洗净切丁；姜洗净切末。
2. 锅内放食用油烧热，放入姜末爆香，加盐和适量清水，大火烧开，放入豆腐、西红柿小火煲 10 分钟，加鸡精搅匀。
3. 撒上葱花、香油即可关火。

大厨献招

豆腐用盐水泡一下会不易碎。

宜 √ 西红柿能美容护肤，防治皮肤病。

忌 × 脾虚腹泻者不宜食用此菜。

开胃消食

潮式炸豆腐

材料

豆腐	6 块

调料

蒜蓉	5 克
葱白	5 克
香菜	3 克
韭黄	1 克
开水	100 毫升
盐	5 克
食用油	少许

做法

1. 先将豆腐对角切成三角形，然后用食用油炸至金黄色。
2. 葱白、香菜、韭黄洗净切成细末，加入蒜蓉、开水、盐，调成盐水。
3. 将炸好的豆腐放入碟中，和调好的盐水一同上桌即可。

宜 √ 葱白有发汗解表的作用。

忌 × 肾衰竭患者不宜多食此菜。

其他豆制品

豆制品的营养主要体现在其丰富蛋白质含量上。豆制品所含人体必需氨基酸与动物蛋白相似，而且其中同样也含有钙、磷、铁等人体所需的矿物质，含有维生素 B_1、维生素 B_2 和膳食纤维，是平衡膳食的重要组成部分。

排毒瘦身

洛南豆干

材料

豆干400克。

调料

盐、红辣椒、葱、香油、醋各适量。

做法

❶ 豆干洗净，切片；红辣椒去蒂洗净，切圈；葱洗净，切段。

❷ 锅入水烧开，放入豆干汆熟后，捞出沥干，装盘，加盐、香油、醋拌匀，再用葱、红辣椒点缀即可。

大厨献招

可以根据个人口味，配以酱料食用。

宜	√ 适量食用豆干可预防因缺钙引起的骨质疏松。
忌	× 脾胃虚寒的人不宜多食此菜。

开胃消食

凉拌豆干

材料

豆干300克，红辣椒、芹菜叶各少许。

调料

盐3克，葱白10克，香油适量。

做法

❶ 豆干洗净，切条；红辣椒去蒂洗净，切丝；芹菜叶洗净备用；葱白洗净，切丝。

❷ 锅入水烧开，放入豆干汆熟后，捞出沥干，加盐、香油拌匀，装盘。

❸ 放入红辣椒、葱白、芹菜叶即可。

宜	√ 芹菜叶有降低血压的作用，可防治高血压。
忌	× 女性经期不宜多食此菜。

美容养颜

凉拌腐竹黑木耳

材料

腐竹150克，绿豆芽、黑木耳各100克。

调料

姜末、香油、盐、味精各适量。

做法

1. 腐竹泡发切段；绿豆芽洗净；黑木耳泡发洗净。
2. 将腐竹、绿豆芽、黑木耳分别焯熟后，捞出沥干，加所有调料拌匀即可。

大厨献招

黑木耳泡开了以后，可直接用海鲜酱油加芥末蘸食。

宜 √ 此菜对健忘失眠者有益。

忌 × 肝性脑病患者不宜多食此菜。

保肝护肾

韭黄炒腐竹

材料

韭黄200克，腐竹200克。

调料

蒜3瓣，盐5克，鸡精3克，胡椒粉5克，食用油少许，蚝油8克。

做法

1. 将韭黄、腐竹洗净后切成段，蒜洗净切薄片。
2. 锅中加水煮沸后，下入腐竹煮沸，捞起沥干水分。
3. 锅中油烧热后，爆香蒜片，下入韭黄炒熟，加入腐竹，调入盐、鸡精、胡椒粉、蚝油炒匀即可。

大厨献招

韭黄容易熟，炒制时间不要太长。

宜 √ 此菜对食欲不佳者有益。

忌 × 皮肤湿疹患者不宜多食此菜。

提神健脑

干烧腐竹

材料

腐竹 300 克，大葱 20 克。

调料

盐 3 克，味精 2 克，香油 5 毫升，干红辣椒 5 克，食用油少许。

做法

1. 腐竹洗净泡发，入开水煮去豆腥味，倒出切段待用；干红辣椒去蒂洗净，大葱洗净，切去叶子，摆盘。
2. 起油锅，入干红辣椒炒香，放入腐竹，加盐、味精和适量清水烧熟，装盘，淋上香油即可。

宜 √ 此菜对免疫力低下的人群有益。

忌 × 湿热内蕴者不宜多食此菜。

排毒瘦身

椒味红肠炒豆皮

材料

青辣椒、红辣椒各 10 克，红肠 200 克，豆皮 250 克。

调料

食用油少许，盐 3 克，味精 2 克。

做法

1. 红肠洗净，切成片；豆皮洗净，切成小块；青辣椒、红辣椒洗净，切块。
2. 锅中加食用油烧热，先下红肠炒至干香后，再加入豆皮、青辣椒、红辣椒，一起翻炒。
3. 待熟后，加盐、味精调味即可。

宜 √ 此菜对心慌气短者有益。

忌 × 慢性胰腺炎患者不宜多食此菜。

养心润肺

芝麻豆皮

材料

熟白芝麻少许，豆皮 400 克。

调料

盐 3 克，味精 1 克，醋 6 毫升，老抽 10 毫升，红油 15 毫升，葱少许。

做法

1. 豆皮洗净，切正方形片；葱洗净切花；豆皮入水焯熟；将盐、味精、醋、老抽、红油调成汁，浇在每片腐皮上。
2. 再将豆皮叠起，对角切成三角形，撒上葱花、芝麻，装盘即可。

大厨献招

食用时加入豆瓣酱，会让此菜更美味。

宜 √ 此菜对免疫力低下者有益。

忌 × 痛风、肾病患者不宜食用此菜。

开胃消食

千层豆皮

材料

豆皮 500 克。

调料

盐 4 克，味精 2 克，酱油 10 毫升，熟白芝麻、红油、葱花各适量。

做法

1. 豆皮洗净切成正方形块，放入开水中稍烫，捞出，沥干水分备用。
2. 用盐、味精、酱油、熟白芝麻、红油调成味汁，把豆皮泡在味汁中；将豆皮一层一层叠好放盘中，最后撒上葱花即可。

宜 √ 此菜对骨质疏松症患者有益。

忌 × 目赤肿痛者不宜多食此菜。

开胃消食

五彩素拌菜

材料

绿豆芽、豌豆苗、豆干、土豆、红辣椒各100克。

调料

盐3克，生抽8毫升，香油适量。

做法

1. 绿豆芽、豌豆苗均洗净；豆干洗净切条；土豆去皮洗净切丝；红辣椒洗净切丝。
2. 将所有原材料入沸水中焯熟后，捞出沥干，加盐、生抽、香油拌匀，装盘即可。

大厨献招

若挤一点橙汁淋在菜上，味道会更好。

宜 √ 绿豆芽性寒，有清热解暑的功效。

忌 × 脾胃虚寒者不宜食用绿豆芽。

增强免疫力

豆干拌猪耳

材料

豆干200克，熟猪耳片200克，熟花生仁50克。

调料

盐4克，香菜5克，食用油少许，红辣椒、大葱各10克，醋15毫升。

做法

1. 豆干洗净，切片，放入沸水中煮2分钟捞出；红辣椒、大葱洗净切丝；香菜洗净切段。
2. 油锅烧热，放花生仁、盐、醋翻炒，淋在豆干、猪耳朵上拌匀，撒上香菜、红辣椒、大葱丝即可。

宜 √ 此菜对脑力劳动者有益。

忌 × 豆干中钠的含量较高，高脂血症患者应慎食。

排毒瘦身

洛南豆干

材料

豆干200克，黄瓜200克。

调料

盐3克，味精1克，生抽5毫升，红油、辣椒粉各适量。

做法

1. 豆干洗净切片，入沸水中煮熟，捞出沥干；黄瓜洗净，切片摆盘；留部分黄瓜切条。
2. 将所有调料置于同一容器，调成味汁，大部分浇在豆干和黄瓜条上，拌匀装盘，留部分味汁浇在盘中黄瓜片上，稍腌片刻，即可食用。

宜 √ 此菜对脾胃虚弱者有益。

忌 × 肺寒咳嗽者不宜多食此菜。

降低血糖

小炒豆干

材料

豆干350克，青辣椒、红辣椒各50克，香菜少许。

调料

盐3克，鸡精2克，酱油、醋、食用油各适量。

做法

1. 豆干洗净，切片；青辣椒、红辣椒均去蒂洗净，切圈；香菜洗净。
2. 热锅下油，放入豆干略炒，再放入青辣椒、红辣椒，加盐、鸡精、酱油、醋调味，待熟，放入香菜略炒，装盘即可。

宜 √ 适量进食此菜有利于预防骨质疏松。

忌 × 内火炽盛者不宜食用此菜。

开胃消食

美味卤豆干

材料

豆干 400 克，红辣椒少许。

调料

葱、香油、卤汁各适量。

做法

❶ 豆干洗净备用；红辣椒去蒂洗净，切丝；葱洗净，切花。

❷ 将卤汁注入锅内烧沸，豆干放入其中卤熟后，捞出沥干，待凉切片，加香油拌匀，摆盘。

❸ 用红辣椒、葱花点缀即可。

大厨献招

也可以用葱油代替香油。

宜	√ 此菜对骨质疏松症患者有益。
忌	× 肾病患者不宜食此菜。

降低血压

清炒豆干

材料

豆干 300 克，芹菜叶适量。

调料

盐 3 克，鸡精 2 克，蒜、水淀粉、食用油各适量。

做法

❶ 豆干洗净，沥干切丁；芹菜叶洗净，沥干切段；蒜去皮，洗净切末。

❷ 锅中注食用油烧热，下蒜末爆香，先后加入豆干和芹菜叶，炒至熟。

❸ 加盐和鸡精调味，用水淀粉勾芡，炒匀即可。

宜	√ 此菜对女士补血养颜有好处。
忌	× 痈疽患者不宜多食此菜。

开胃消食

鸡汁白豆干

材料

清鸡汤 1 袋，白豆干 200 克。

调料

盐 5 克。

做法

1. 将白豆干放入盐水中略焯，捞出备用。
2. 清鸡汤倒入锅中，放入盐，加入白豆干煮 10 分钟。
3. 盛出晾凉后装盘即可食用。

大厨献招

煮白豆干时不宜用大火，以免豆干煮老。

宜 √ 此菜对脾胃不振者有益。

忌 × 肾病患者不宜多食此菜。

排毒瘦身

芹香白豆干丝

材料

芹菜 15 克，白豆干丝 25 克，胡萝卜 5 克。

调料

香油、盐、胡椒粉各适量。

做法

1. 芹菜洗净，切段，烫熟；胡萝卜洗净，切丝，烫熟；白豆干丝烫熟。
2. 将白豆干丝、芹菜、胡萝卜放入碗中，再放入香油、盐、胡椒粉调味，拌匀即可。

大厨献招

白豆干丝可以不用切得太细，以免会断。

宜 √ 此菜对睡眠不佳者有益。

忌 × 痛风、肾病患者不宜食用此菜。

增强免疫力

秘制豆干

材料

豆干 200 克，黄瓜 100 克。

调料

盐 3 克，味精 1 克，醋 6 毫升，生抽 10 毫升，食用油适量。

做法

1. 豆干洗净，切成菱形片，用沸油炸熟；黄瓜洗净，切成菱形片。
2. 将黄瓜片排于盘内，再将豆干排于上面。
3. 将盐、味精、醋、生抽调成汁，淋入盘中即可。

大厨献招

豆干要切得薄厚适中，这样口感及味道才会更佳。

宜 √ 此菜对精血受损者有益。

忌 × 肾病患者不宜多吃此菜。

开胃消食

卤水豆干

材料

豆干 400 克。

调料

酱油、醋、卤水各适量。

做法

1. 豆干洗净备用。
2. 将卤水注入锅内烧开，放入豆干卤熟后，捞出沥干，待凉，切成条状。
3. 淋上酱油、醋即可。

大厨献招

若加点蒜末，味道会更好。

宜 √ 此菜对不思饮食者有益。

忌 × 内火炽盛者不宜多食此菜。

美容养颜

家乡卤豆干

材料

卤豆干 200 克。

调料

葱 10 克，盐 3 克，香油 15 毫升。

做法

1. 将卤豆干洗净，切成方块形。
2. 将葱洗净，切成葱末。
3. 将卤豆干放入盐水中焯烫，然后装盘，再撒入葱末，淋上香油即可。

大厨献招

豆干片尽量切薄一点，这样既美观又易入味。

宜	√ 此菜对体虚脾弱者有益。
忌	× 腹痛腹胀者不宜食用此菜。

增强免疫力

湘味花生仁豆干

材料

花生仁 100 克，豆干 300 克，青辣椒 50 克。

调料

盐 3 克，鸡精 2 克，醋适量，食用油少许。

做法

1. 豆干洗净，切丁；青辣椒去蒂洗净，切圈。
2. 热锅下油，加花生仁翻炒片刻，再放入豆干、青辣椒炒匀，加盐、鸡精、醋调味，炒熟装盘即可。

大厨献招

加点酸菜一起烹饪，味道会更好。

宜	√ 此菜对心神不安者有益。
忌	× 中风患者不宜食用此菜。

开胃消食

五香酱豆干

材料

豆干 300 克。

调料

五香酱、盐、酱油、醋、卤汁各适量。

做法

❶ 豆干洗净备用。

❷ 将卤汁注入锅内烧沸，放入豆干卤熟后，捞出沥干，加盐、五香酱、酱油、白醋拌匀，装盘即可。

大厨献招

将豆干切成小块，更易入味。

宜 √ 此菜对食欲不佳者有益。

忌 × 目赤肿痛者不宜多食此菜。

增强免疫力

五香卤豆干

材料

豆干 400 克。

调料

食用油少许，姜丝、葱白段、生抽、盐、白糖、辣椒粉、桂皮、茴香、花椒、八角各适量。

做法

❶ 姜丝和葱白段入油锅炸透后，放生抽、盐、白糖、清水、辣椒粉烧沸，加桂皮、茴香、花椒、八角煮 30 分钟，制成卤水。

❷ 豆干冲洗一下，放入卤水中卤 1 个小时，捞出切片即可。

大厨献招

切片后用香油拌一下，味道会更好。

宜 √ 此菜对免疫力较弱者有益。

忌 × 痰湿偏重者不宜多食此菜。

开胃消食

家常豆丁

材料

豆干 200 克，花生仁 100 克，黄瓜 100 克，青辣椒、红辣椒各 30 克。

调料

食用油少许，盐 3 克，葱 10 克，白芝麻 10 克，鸡精 2 克。

做法

1. 豆干洗净，切丁；黄瓜洗净，切片摆盘；青辣椒、红辣椒均去蒂洗净，切丁；葱洗净，切段。
2. 热锅下油，放入花生仁、白芝麻炒香，再放入豆干、青辣椒、红辣椒一起炒，加盐、鸡精调味，炒熟装盘。
3. 撒上葱段即可。

宜 ✓ 此菜对情志不舒者有益。

忌 × 急性炎症患者不宜多食此菜。

排毒瘦身

豆干芦蒿

材料

豆干、芦蒿各 200 克。

调料

盐 3 克，鸡精 2 克，酱油、醋、食用油各适量。

做法

1. 豆干洗净，切条；芦蒿洗净，切段。
2. 热锅下油，放入豆干、芦蒿一同翻炒片刻，加盐、鸡精、酱油、醋调味。
3. 炒至断生，起锅装盘即可。

大厨献招

加点肉丝一起烹饪，味道会更好。

宜 ✓ 此菜对心慌气短者有益。

忌 × 胃下垂患者不宜多食此菜。

开胃消食

青辣椒炒豆干

材料

青辣椒　100 克
豆干　250 克

调料

盐　3 克
蒜　10 克
鸡精　2 克
酱油　适量
醋　适量
食用油　适量

做法

❶ 豆干洗净，切条；青辣椒去蒂洗净，切条；蒜去皮洗净，切片。
❷ 热锅下油，入蒜炒香，再放入豆干、青辣椒翻炒片刻，加盐、鸡精、酱油、醋调味，炒至断生，装盘即可。

大厨献招

在炒的过程中，力度不要太大，以免将豆干炒烂。

宜　√ 此菜对骨质疏松症患者有益。
忌　× 大便燥结者不宜多食此菜。

排毒瘦身

椒圈蒸豆干

材料

豆干 250 克。

调料

盐 3 克，鸡精 2 克，豆豉 10 克，生抽、红油、青辣椒、红辣椒各适量。

做法

1. 青辣椒、红辣椒均去蒂洗净，切圈；豆干洗净切片。
2. 将豆干、青辣椒、红辣椒、豆豉摆好盘，加盐、鸡精、生抽、红油拌匀调味后入蒸锅蒸熟即可。

大厨献招

加少许腊肠同蒸，此菜将另有一番风味。

宜	√ 此菜对虚劳羸弱者有益。
忌	× 尿路结石患者不宜多食此菜。

开胃消食

小炒辣豆干

材料

豆干 250 克，青辣椒、红辣椒各 50 克。

调料

盐 3 克，鸡精 2 克，食用油、红油、醋各适量。

做法

1. 豆干洗净，切片；青辣椒、红辣椒均去蒂洗净，切圈。
2. 热锅下油，入青辣椒、红辣椒炒香，再放入豆干炒匀，加盐、鸡精、红油、醋调味，炒熟，装盘即可。

大厨献招

加点蒜苗，此菜会更香。

宜	√ 此菜对不思饮食者有益。
忌	× 感冒发热者不宜食用此菜。

保肝护肾

豆干五花肉

材料

豆干 250 克，五花肉 200 克。

调料

盐 3 克，红辣椒 20 克，蒜苗 10 克，鸡精 2 克，酱油、醋、红油、食用油各适量。

做法

1. 豆干洗净，切片；五花肉洗净，切片；红辣椒去蒂洗净，切片；蒜苗洗净，斜刀切段。
2. 热锅下油，放入五花肉翻炒片刻，再放入豆干、红辣椒一起炒熟，加盐、鸡精、酱油、醋、红油炒匀，放入蒜苗，稍微加点水焖一会儿，装盘即可。

宜 √ 此菜对身体羸弱者有益。

忌 × 慢性胰腺炎患者不宜多食此菜。

开胃消食

豆干小炒肉

材料

豆干 180 克，五花肉 100 克。

调料

葱、盐、味精各 4 克，红辣椒 5 克，食用油少许，酱油、红油各 10 毫升。

做法

1. 五花肉洗净，切成片；豆干洗净，切成片；葱洗净，切段；红辣椒洗净，切圈。
2. 油锅烧热，入红辣椒、葱段、五花肉炒香，放豆干炒熟。
3. 加盐、味精、酱油、红油调味，炒匀，盛盘即可。

宜 √ 此菜对食欲不振者有益。

忌 × 肝胆病患者不宜多食此菜。

降低血糖

农家豆干煲

材料

豆干	250 克
芹菜	150 克
青辣椒	50 克
红辣椒	50 克

调料

盐	3 克
蒜苗	20 克
鸡精	2 克
酱油	适量
醋	适量
食用油	适量
红油	适量

做法

1. 豆干洗净，切三角片；芹菜洗净，切段；青辣椒、红辣椒均去蒂洗净，切圈；蒜苗洗净，切段。
2. 热锅下油，放入豆干、青辣椒、红辣椒一起炒，加盐、鸡精、酱油、醋、红油炒匀，放入蒜苗，稍微加点水焖一会儿，装盘即可。

宜 ✓ 此菜对身体羸弱者有益。

忌 × 慢性胰腺炎患者不宜多食此菜。

增强免疫力

芹菜炒豆干

材料

芹菜、豆干各 200 克，猪瘦肉 150 克，红辣椒 50 克。

调料

盐 3 克，鸡精 2 克，食用油、酱油、醋各适量。

做法

1. 豆干洗净，切条；芹菜洗净，切段；猪瘦肉洗净，切丝；红辣椒去蒂洗净，切丝。
2. 热锅下油，放入猪瘦肉略炒，再放入豆干、芹菜、红辣椒炒至五成熟时，加盐、鸡精、酱油、醋调味，炒至断生，装盘即可。

宜	√ 此菜对体虚脾弱者有益。
忌	× 高热神昏者不宜多食此菜。

开胃消食

茼蒿秆炒豆干

材料

茼蒿秆 200 克，豆干 250 克。

调料

盐3克，干红辣椒10克，鸡精2克，食用油少许。

做法

1. 豆干洗净，切条；茼蒿秆洗净，切段；干红辣椒洗净，切段。
2. 热锅下油，入干红辣椒爆香，再放入豆干、茼蒿秆炒匀，加盐、鸡精调味。
3. 炒至断生，装盘即可。

大厨献招

用大火爆炒，味道会更好。

宜	√ 此菜对饮酒过量者有益。
忌	× 子宫脱垂患者不宜食用此菜。

美容养颜

湖南豆干

材料

豆干 200 克，芹菜 150 克。

调料

盐 3 克，味精 1 克，剁椒适量。

做法

1. 豆干洗净，切斜片，入沸水中汆至断生，捞出沥干；芹菜去叶洗净，切段；剁椒洗净切圈。
2. 锅中加油烧热，放入芹菜炒至断生，加入豆干和剁椒，炒至熟。
3. 加盐和味精调味，炒匀即可。

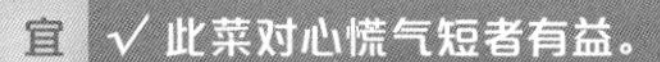

宜 √ 此菜对心慌气短者有益。

忌 × 酸中毒患者不宜食用此菜。

开胃消食

花生仁豆干

材料

花生仁 80 克，豆干 150 克，莴笋 150 克，黄瓜、胡萝卜各适量。

调料

盐、香油、食用油各适量。

做法

1. 豆干洗净，切丁；莴笋去皮洗净，切丁；黄瓜、胡萝卜均洗净，切片。
2. 锅入水烧开，分别将豆干、莴笋汆熟后，捞出沥干，加盐、香油拌匀。
3. 起油锅，放入花生仁炸熟，装盘，再将黄瓜、胡萝卜摆盘即可。

宜 √ 此菜对免疫力低下者有益。

忌 × 有慢性消化道疾病的人不宜多食此菜。

增强免疫力

双椒炒豆干

材料

豆干 250 克，青辣椒、红辣椒各 50 克。

调料

盐 3 克，鸡精 2 克，生抽 6 毫升，蒜苗、食用油各适量。

做法

1. 豆干洗净，沥干切片；青辣椒、红辣椒分别洗净，切圈；蒜苗洗净，沥干切段。
2. 锅中注油烧热，入蒜苗和青辣椒圈、红辣椒圈爆香，加入豆干，调入生抽，继续翻炒至熟。
3. 加盐和味精调味，炒匀即可。

宜 √ 此菜对精神萎靡不振者有益。

忌 × 肝性脑病患者不宜多食此菜。

开胃消食

农家小豆干

材料

豆干 200 克，芹菜 150 克。

调料

盐 3 克，味精 1 克，生抽 5 毫升，食用油、辣椒粉、干红辣椒段各适量。

做法

1. 豆干洗净，沥干切丝；芹菜洗净，切段，入沸水中汆至断生，捞出沥干。
2. 锅中注油烧热，下豆干翻炒至断生，加入芹菜、辣椒粉、生抽和干红辣椒段，炒至熟。
3. 加盐和味精调味，炒匀即可。

宜 √ 此菜对心神不安者有益。

忌 × 有疥癣者不宜多食此菜。

美容养颜

香炸柠檬豆干

材料

豆干 300 克，鸡蛋液 60 克。

调料

柠檬酱 20 克，盐 3 克，淀粉 10 克，食用油少许。

做法

❶ 豆干洗净，用盐、淀粉、鸡蛋液裹匀。

❷ 锅中倒入食用油烧至七成热，放入豆干炸至金黄色捞出。

❸ 待炸过的豆干稍凉后，再用热油炸一遍出锅，加入柠檬酱拌食即可。

宜 √ 此菜对脾胃气虚者有益。

忌 × 有疥癣者不宜多食此菜。

提神健脑

美味炸豆干

材料

豆干 350 克，黄瓜、圣女果各适量。

调料

盐 3 克，熟白芝麻 3 克，食用油少许。

做法

❶ 豆干洗净，切条；黄瓜洗净，切片；圣女果洗净，对半切开。

❷ 锅中放食用油烧热，加入盐，放入豆干炸至酥脆，捞出沥干，控油装盘，撒上熟白芝麻。

❸ 用切好的黄瓜、圣女果摆盘即可。

大厨献招

炸好的豆干用红油拌一下，味道会更好。

宜 √ 此菜对功课繁忙的学生有益。

忌 × 目赤肿痛者不宜多食此菜。

强健骨骼

富阳卤豆干

材料

豆干 400 克。

调料

酱油 15 毫升，盐 5 克，白糖 10 克，香油 10 毫升。

做法

1. 豆干洗净，入开水中焯水后捞出备用。
2. 取一个净锅上火，加清水、盐、酱油、白糖，大火烧沸，放入豆干，改小火卤约 15 分钟，至卤汁略稠浓时淋上香油，出锅，切片，装盘即成。

大厨献招

加点醋调味，味道会更好。

宜 √ 此菜对脾胃气虚者有益。

忌 × 皮肤湿疹患者不宜多食此菜。

降低血糖

豆豉蒸豆干

材料

豆干 300 克。

调料

豆豉 20 克，盐 3 克，味精 1 克，剁椒 50 克，蒜、红油各适量。

做法

1. 豆干洗净，沥干切片，置于容器中；蒜洗净，切末，连同豆豉一同撒在豆干上。
2. 将盐、味精、剁椒、红油置于同一容器，调匀，淋在豆干上。
3. 将装有豆干的容器放进蒸锅蒸至豆干熟透，取出即可食用。

宜 √ 此菜对免疫力低下者有益。

忌 × 急性炎症患者不宜多食此菜。

保肝护肾

小炒攸县豆干

材料

攸县豆干 200 克，猪肉 150 克，韭菜适量。

调料

盐 3 克，味精 1 克，生抽、料酒各 10 毫升，剁椒 20 克，红油辣酱、食用油各适量。

做法

1. 攸县豆干洗净沥干，斜切片；猪肉洗净切片，用生抽和料酒腌渍片刻；韭菜洗净，沥干切段。
2. 锅中注油烧热，下猪肉炒至变色，先后下豆干和韭菜，调入剁椒和红油辣酱炒至熟。
3. 加盐和味精调味，炒匀即可。

宜 √ 此菜对免疫力较弱者有益。
忌 × 消化系统疾病患者不宜多食此菜。

排毒瘦身

蒜薹豆豉炒豆干

材料

蒜薹 100 克，豆干 200 克。

调料

盐 3 克，味精 1 克，生抽 10 毫升，豆豉辣酱、干红辣椒、食用油各适量。

做法

1. 豆干洗净，沥干切丝；蒜薹洗净切段，入沸水中汆至断生，捞出沥干；干红辣椒洗净，沥干切段。
2. 锅中注油烧热，下豆干，调入生抽炒至变色，加入蒜薹、豆豉辣酱和干红辣椒炒至熟。
3. 加盐和味精调味，炒匀即可。

宜 √ 此菜对饮酒过量者有益。
忌 × 火毒盛者不宜多食此菜。

开胃消食

秘制五香豆干

材料

五香豆干 400 克。

调料

盐 3 克，姜、蒜各 10 克，干红辣椒 15 克，食用油、酱油、醋各适量。

做法

1. 五香豆干洗净，切片；姜、蒜均去皮洗净，切末；干红辣椒洗净，切末。
2. 锅入水烧开，放入五香豆干汆熟后，捞出沥干，装盘。
3. 热锅下油，入姜、蒜、干红辣椒爆香，加盐、酱油、醋做成味汁，均匀地淋在五香豆干上即可。

宜 ✓ 此菜对胃口不佳者有益。

忌 × 皮肤湿疹患者不宜多食此菜。

保肝护肾

香辣腐皮

材料

红辣椒 5 克，腐皮 150 克，熟白芝麻 3 克。

调料

葱 8 克，盐 3 克，生抽、辣椒油各 10 毫升。

做法

1. 将腐皮用清水泡软切块，入热水焯熟；葱洗净切末；红辣椒洗净切丝。
2. 将盐、生抽、辣椒油、熟白芝麻拌匀，淋在腐皮上，撒上红辣椒、葱末即可。

大厨献招

加点香菜，味道会更好。

宜 ✓ 此菜对记忆力减弱者有益。

忌 × 口腔溃疡患者不宜多食此菜。

开胃消食

椒丝炒豆皮

材料

青辣椒、红辣椒各适量，豆皮 250 克。

调料

盐 3 克，味精 1 克，香油 7 毫升，蒜、食用油各适量。

做法

❶ 豆皮洗净，沥干切丝；青辣椒、红辣椒分别洗净切丝，入沸水中氽至断生，捞出沥干；蒜去皮，切成蒜蓉。

❷ 锅中注油烧热，下蒜蓉爆香，先后加豆皮和青辣椒、红辣椒炒至熟。

❸ 加盐、味精和香油，调味，炒匀即可。

宜 ✓ 此菜对胃口不佳者有益。

忌 × 有痼疾者不宜多食此菜。

美容养颜

天津豆腐卷

材料

豆皮200克，黄瓜、心里美萝卜、胡萝卜各适量。

调料

醋汁芝麻酱，葱 20 克。

做法

❶ 黄瓜洗净，切丝；心里美萝卜去皮洗净，切丝；胡萝卜洗净，切丝；葱洗净，切段。

❷ 将切好的黄瓜、心里美萝卜、胡萝卜用豆皮卷成卷状，然后斜刀切段，摆好盘。

❸ 将豆腐卷配以醋汁芝麻酱食用即可。

大厨献招

在豆腐卷里加点莴笋，营养更佳。

宜 ✓ 此菜对心神不安者有益。

忌 × 有严重肝病者不宜食用此菜。

排毒瘦身

菠菜芝麻卷

材料

菠菜 200 克，芝麻 10 克，豆皮 1 张。

调料

盐 3 克，味精 2 克，香油、酱油各适量。

做法

1. 菠菜洗净；芝麻炒香，备用。
2. 豆皮入沸水中，加入调料煮 1 分钟，捞出；菠菜汆熟后捞出，沥干水分，切碎，同芝麻拌匀。
3. 豆皮平放，放上菠菜，卷起，切成马蹄形，装盘即可。

大厨献招

卷豆皮时要卷紧，不要松散。

宜 √ 此菜对气闷不舒者有益。

忌 × 肝胆病患者不宜多食此菜。

开胃消食

山西小拌菜

材料

豆芽、海带、豆皮、胡萝卜各适量。

调料

盐、味精、香油各适量。

做法

1. 豆芽洗净；海带、豆皮、胡萝卜均洗净与豆芽同入沸水中焯后捞出，切丝。
2. 将备好的材料调入盐、味精拌匀。
3. 淋入香油即可。

大厨献招

海带要用清水泡发一下再烹饪。

宜 √ 此菜对免疫力低下者有益。

忌 × 腹痛腹胀者不宜食用此菜。

开胃消食

小炒腐皮

材料

腐皮 150 克，红辣椒适量。

调料

盐 3 克，味精 1 克，生抽 10 毫升，葱、食用油各适量。

做法

❶ 腐皮洗净，沥干切块状；红辣椒洗净，沥干切圈；葱洗净，沥干切葱花。

❷ 锅中注油烧热，下腐皮炒至断生，下红辣椒圈继续炒至熟。

❸ 加盐、味精调味，撒上葱花，炒匀即可。

宜 √ 此菜对功课繁忙的学生有益。

忌 × 感冒发热者不宜食用此菜。

增强免疫力

家常炒腐皮

材料

腐皮 200 克，香菇适量。

调料

盐 3 克，味精 1 克，生抽 10 毫升，葱段、干红辣椒、香菜、水淀粉、食用油各适量。

做法

❶ 腐皮洗净，沥干切块；香菇洗净，沥干切丝；干红辣椒、香菜洗净，切段。

❷ 锅中注油烧热，下葱段和干红辣椒爆香，加入香菇略炒，再加入腐皮，调入生抽炒至熟。

❸ 加盐和鸡精调味，用水淀粉勾芡，炒匀，撒上香菜段即可。

宜 √ 此菜对不思饮食者有益。

忌 × 肾衰竭患者不宜多食此菜。

养颜美肤

关东小炒

材料

腐皮	200 克
百合	50 克
红辣椒段	适量
花生仁	适量
玉米饼	适量
卤猪耳	适量
芹菜	适量

调料

盐	3 克
鸡精	2 克
生抽	适量
红油	适量
面粉糊	适量
食用油	适量

做法

1. 腐皮洗净切条打结；芹菜洗净切段；玉米饼切条；百合洗净切小块；卤猪耳洗净切丝。
2. 红辣椒段与花生仁分别裹上面粉糊，入油锅中炸熟，捞出沥油；锅留油烧热，下腐皮，加生抽和红油翻炒，入红辣椒、花生仁、猪耳及百合，炒至熟。
3. 调入盐和鸡精炒匀，装盘，摆上玉米饼和汆过水的芹菜即可。

宜 ✓ 此菜对精血受损者有益。

忌 × 大便燥结者不宜多食此菜。

增强免疫力

肉丝炒腐皮

材料

腐皮 200 克，猪瘦肉 100 克，红辣椒适量。

调料

盐 3 克，生抽 5 毫升，料酒 10 毫升，味精 1 克，生粉、葱花、食用油各适量。

做法

❶ 腐皮洗净，沥干切条；猪瘦肉洗净切丝，用生抽、料酒和生粉腌渍片刻；红辣椒洗净，沥干切丝。

❷ 锅中注油烧热，下肉丝滑炒至变色，加入腐皮、葱花和红辣椒丝同炒至熟。

❸ 加盐和味精调味，炒匀即可。

宜 √ 此菜对体虚乏力者有益。

忌 × 尿路结石患者不宜多食此菜。

开胃消食

素炒腐皮

材料

腐皮 300 克，油麦菜 300 克。

调料

盐 3 克，味精 1 克，蒜、食用油各适量。

做法

❶ 腐皮洗净沥干，切丝备用；油麦菜洗净，沥干切段；蒜洗净切末。

❷ 锅中注油烧热，下蒜末爆香，加入腐皮，翻炒几下，再加入油麦菜同炒至熟。

❸ 加盐和味精调味即可。

宜 √ 此菜对饮酒过量者有益。

忌 × 有严重肝病者不宜食用此菜。

养颜美肤

豆皮炒肉

材料

豆皮 200 克，猪瘦肉 100 克，青辣椒、红辣椒各适量。

调料

盐 3 克，味精 1 克，醋 8 毫升，老抽 15 毫升，食用油适量。

做法

1. 豆皮洗净，切片；猪瘦肉洗净，切片；青辣椒、红辣椒洗净，切片。
2. 锅内注油烧热，下肉片炒至快熟时，加入盐炒入味，再放入豆皮，青辣椒、红辣椒，烹入醋、老抽。
3. 炒至汤汁收浓时，加入味精调味，起锅装盘即可。

宜	√ 此菜对皮肤粗糙者有益。
忌	× 胃下垂患者不宜多食此菜。

开胃消食

干豆皮卷

材料

豆皮 150 克。

调料

盐2克，味精1克，辣椒酱、胡椒粉、孜然粉各适量。

做法

1. 豆皮洗净，沥干切条；所有调料置于同一容器中，调匀。
2. 将豆皮卷成卷，用竹签穿起；用毛刷蘸取调料，均匀刷在豆皮卷表面。
3. 将豆皮卷置于烤箱，烤至表面金黄，即可食用。

大厨献招

豆皮卷中卷适量葱丝和香菜段，此菜会另有一番风味。

宜	√ 此菜对不思饮食者有益。
忌	× 肾功能不全者最好少吃此菜。

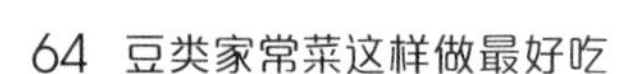

开胃消食

烤干豆皮

材料

豆皮 200 克。

调料

盐 2 克，味精 1 克，辣椒酱、胡椒粉、番茄酱各适量。

做法

1. 豆皮洗净，沥干切方形块；所有调料置于同一容器中，调匀。
2. 将豆皮用竹签串起；用毛刷蘸取调料，均匀刷在豆皮表面。
3. 将豆皮置于烤箱，烤至表面金黄，即可食用。

宜 ✓ 此菜对胃口不佳者有益。

忌 × 湿热痰滞内蕴者不宜多食此菜。

增强免疫力

葱香豆腐丝

材料

豆皮 300 克，胡萝卜适量。

调料

卤水 1 份，葱 50 克，香菜、盐、醋、白糖、味精、香油各适量。

做法

1. 豆皮、葱、胡萝卜洗净切丝；香菜洗净切小段。
2. 豆腐丝装碟，放香油、白糖、味精、醋、盐拌匀。
3. 将葱丝、胡萝卜、香菜放在碟边。

宜 ✓ 此菜适合更年期女性食用。

忌 × 肠鸣腹泻者不宜多食此菜。

增强免疫力

豆腐丝拌香菜

材料

豆皮 500 克，香菜 50 克。

调料

盐 5 克，味精 5 克，香油 10 毫升。

做法

❶ 豆皮洗净，放开水中焯熟，捞起沥干水，晾凉，切成丝装盘。

❷ 香菜洗净，切段，与豆腐丝一起装盘。

❸ 将盐、味精、香油拌匀成味汁，淋于豆腐丝、香菜上即可。

大厨献招

加点生抽调味，味道会更好。

宜 √ 此菜对脾胃寒凉者有益。

忌 × 皮肤湿疹患者不宜多食此菜。

开胃消食

香菜干丝

材料

香菜 20 克，白豆干 300 克。

调料

盐、红辣椒、鸡精、香油、胡椒粉各适量。

做法

❶ 将白豆干洗净切条，放入开水中煮 5 分钟，取出放凉待用；红辣椒洗净切圈；香菜择洗干净切小段。

❷ 将豆干丝和盐、鸡精、香油、胡椒粉拌匀，调好味后即可装盘。

❸ 放上香菜和红辣椒圈装点即成。

宜 √ 此菜适合体虚脾弱者食用。

忌 × 痛风、肾病患者不宜食用此菜。

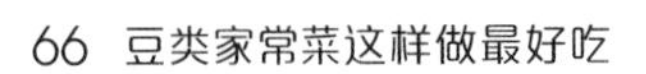

美容养颜

爽口双丝

材料

白萝卜 150 克，豆皮 100 克。

调料

青辣椒、红辣椒各 30 克，盐、味精、香油、生抽各适量。

做法

❶ 白萝卜、豆皮洗净，切丝，入水焯熟；青辣椒、红辣椒洗净，切丝。

❷ 盐、味精、香油、生抽调成味汁。将味汁淋在装原材料的盘中，撒上青辣椒丝、红辣椒丝即可。

大厨献招

淋一点柠檬汁，味道更鲜美。

宜 √ 消化不良者适宜吃本菜。

忌 × 肾功能不全者不宜多食此菜。

增强免疫力

凉拌豆腐丝

材料

豆皮 450 克，黄瓜、香菜各适量。

调料

盐、红辣椒、醋、香油、花椒油、红油、辣椒油各适量。

做法

❶ 红辣椒、黄瓜分别洗净切丝；豆皮泡洗干净切丝，放入开水中煮 3 分钟，捞出冲凉待用。

❷ 将豆腐丝，加入红辣椒丝、黄瓜丝，加入适量的盐、醋、香油、花椒油、红油、辣椒油，搅拌均匀。

❸ 装盘，撒上香菜即可。

宜 √ 此菜对食欲不振者有益。

忌 × 肾炎患者不宜多吃此菜。

增强免疫力

青辣椒豆皮

材料

青辣椒 50 克，豆皮 250 克。

调料

盐 3 克，鸡精 2 克，生抽、食用油各适量。

做法

1. 豆皮洗净，沥干切宽丝；青辣椒洗净，切丝。
2. 锅中注油烧热，下青辣椒丝翻炒几下，调入生抽，加豆皮炒至熟。
3. 加盐和鸡精调味，炒匀即可。

大厨献招

烹饪此菜选择稍有辣味的青辣椒，味道会更好。

宜 √ 此菜有提高人体抵抗力的作用。

忌 × 痛风患者应慎食此菜。

养心润肺

东北豆腐卷

材料

豆皮、猪肉、胡萝卜、紫甘蓝、红辣椒各适量。

调料

盐 3 克，葱 20 克，鸡精 2 克，酱油、醋、食用油各适量。

做法

1. 猪肉洗净切末；胡萝卜洗净切丝；紫甘蓝洗净，切丝；红辣椒去蒂洗净，取一半；葱洗净，切段。
2. 将切好的葱、胡萝卜、紫甘蓝用豆皮卷起，斜刀切段，摆好盘。
3. 热锅下油，放入猪肉略炒，加盐、鸡精、酱油、醋调味，炒熟，盛入红辣椒内，摆在盘中即可。

宜 √ 此菜对心慌气短者有益。

忌 × 肝性脑病患者不宜多食此菜。

排毒瘦身

豆皮千层卷

材料

豆皮 100 克，白萝卜 150 克。

调料

豆豉酱适量。

做法

❶ 豆皮洗净，切片，汆熟；葱洗净，切段；青辣椒去蒂洗净，分别切圈、切丝。

❷ 将葱段、青辣椒丝用豆皮包裹，做成豆皮卷，再将青辣椒圈套在豆皮卷上，摆好盘。

❸ 配以豆豉酱食用即可。

大厨献招

豆皮卷不要太粗，与青辣椒圈大小相同即可。

宜 √ 此菜对骨质疏松症患者有益。

忌 × 有严重肝病者不宜食用此菜。

提神健脑

豆皮鸡肉卷

材料

豆皮 100 克，鸡脯肉 200 克。

调料

盐、酱油各适量，淀粉 30 克，香菜段 15 克。

做法

❶ 将鸡脯肉洗净，剁成末；豆皮洗净，切成四等份；将盐、淀粉放入肉末中，搅匀。

❷ 将肉末放在豆皮上，再卷起；在电饭锅中加入清水，放豆皮肉卷蒸熟，最后在炒锅中加热酱油，淋于豆皮肉卷上，撒上香菜即可。

宜 √ 此菜对体虚乏力者有益。

忌 × 消化功能不良者不宜多食此菜。

排毒瘦身

豆皮时蔬圈

材料

豆皮300克，心里美萝卜200克，黄瓜200克，葱30克。

调料

盐5克，味精5克，香油10毫升，豆瓣酱30克。

做法

❶ 豆皮洗净，在水中焯熟捞起，切成长片装盘；葱洗净切段；心里美萝卜和黄瓜洗净切丝，和葱段一起用豆皮卷好，切段装盘。

❷ 将盐、味精、香油、豆瓣酱拌匀，用作蘸料。

宜 √ 此菜对高血压患者有益，还有美容的功效。

忌 × 有痼疾者不宜多食此菜。

美容养颜

丰收蘸酱菜

材料

豆皮200克，圣女果150克，黄瓜、心里美萝卜各100克，圆白菜适量。

调料

盐、番茄酱各适量。

做法

❶ 豆皮洗净，汆熟，切片；圣女果洗净；黄瓜洗净，切丝；心里美洗净，切丝；圆白菜洗净，撕成片。

❷ 将切好的黄瓜、心里美用豆皮包裹，做成豆皮卷，摆好盘，再将圣女果摆盘。

❸ 锅入水烧开，加盐，放入圆白菜汆熟后，捞出沥干摆在豆皮卷上，配以番茄酱食用即可。

宜 √ 此菜对免疫力较弱者有益。

忌 × 中焦虚寒者不宜食用此菜。

美容养颜

胡萝卜豆皮卷

材料

豆皮 200 克，葱、胡萝卜各 80 克。

调料

甜面酱适量。

做法

❶ 豆皮洗净，切宽片；葱洗净，切长段；胡萝卜去皮洗净，切丝。

❷ 将葱段、胡萝卜丝用豆皮包裹，做成豆皮卷。

❸ 蘸以甜面酱食用即可。

大厨献招

胡萝卜丝切得越细越好。

宜 √ 此菜对记忆力减弱者有益。

忌 × 消化系统疾病患者不宜多食此菜。

增强免疫力

辣味豆皮

材料

豆皮 200 克，干红辣椒适量。

调料

盐 3 克，味精 2 克，生抽、醋各适量。

做法

❶ 豆皮洗净切条，打结，入沸水中氽至断生，捞出沥干；干红辣椒洗净切段，入热油中炸熟。

❷ 将盐、味精、生抽和醋置于同一容器，调成味汁，浇在豆皮上，加入干红辣椒，拌匀即可。

宜 √ 此菜对消化不良者有益。

忌 × 痛风患者应慎食此菜。

补血养颜

干炒豆丝

材料

豆皮400克，肉末40克，清汤50克，香菜适量。

调料

盐、红辣椒、青辣椒、姜末、蒜末、食用油、酱油、辣椒油、料酒、味精各适量。

做法

❶ 豆皮洗净切丝，焯水后沥干；青辣椒、红辣椒洗净切丝。

❷ 食用油烧热，入姜末、蒜末、肉末炒至变色，加入豆丝、椒丝煸炒。

❸ 加入盐、酱油、辣椒油、料酒、味精和少许清汤，翻炒至汁干即可。

宜	√ 此菜对脑力工作者有益。
忌	× 肾功能不全者最好少吃此菜。

增强免疫力

香椿苗熏豆丝

材料

豆皮200克，香椿苗50克。

调料

红辣椒、盐、味精、醋、香油各适量。

做法

❶ 豆皮、红辣椒洗净切丝。

❷ 香椿苗放热水中烫一烫捞起；与豆皮、盐、味精、醋、红辣椒拌匀。

❸ 淋上香油即可。

大厨献招

可适当放点老干妈酱。

宜	√ 此菜对精血受损者有益。
忌	× 过敏体质者不宜多食此菜。

养心润肺

荷包豆皮

材料

豆皮 300 克，猪肉 150 克，海带丝适量。

调料

盐 3 克，蒜 10 克，食用油、酱油、醋、水淀粉各适量。

做法

1. 豆皮洗净，切片；猪肉洗净，切末；蒜去皮洗净，切末；海带丝洗净备用。
2. 将猪肉与蒜末一起搅拌均匀，用豆皮卷成卷状，再用海带丝打上结。
3. 热锅下油，放入豆腐卷，加盐、酱油、醋、水淀粉、水，烧至熟透，装盘即可。

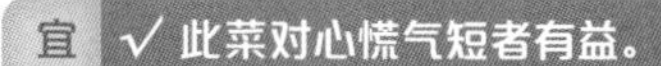

宜 ✓ 此菜对心慌气短者有益。

忌 × 痈疽患者不宜多食此菜。

提神健脑

油煎豆皮卷

材料

豆皮 200 克，肉末 100 克。

调料

姜 5 克，葱 5 克，鸡蛋 1 个，盐 5 克，味精 3 克，淀粉 10 克，料酒 6 毫升，酱油 10 毫升。

做法

1. 姜、葱洗净切末；肉末中加入鸡蛋、淀粉、姜末、葱末及盐、味精、料酒、酱油一起拌匀成肉馅。
2. 将豆皮均匀地抹上肉馅后卷起来，斜切成段。
3. 煎锅上火，下入豆皮段煎至两面呈金黄色即可。

大厨献招

卷馅时要卷紧，以免煎时散开。

宜 ✓ 此菜对胃口不佳者有益。

忌 × 减肥者不宜多吃此菜。

提神健脑

农家豆皮

材料

豆皮 300 克，生菜叶少许。

调料

葱 50 克，蒜香芝麻酱适量。

做法

1. 豆皮洗净汆熟备用；葱洗净，切花；生菜叶洗净，摆盘。
2. 取适量蒜香芝麻酱与葱花拌匀，再用豆皮卷成豆皮卷，摆在生菜叶上。
3. 将豆卷配以蒜香芝麻酱食用即可。

宜 √ 此菜对睡眠不宁者有益。

忌 × 酸中毒患者不宜食用此菜。

排毒瘦身

青菜煮豆皮丝

材料

青菜适量，豆皮 400 克，虾仁、红辣椒、香菇、鸡肉各 50 克，高汤 500 克。

调料

盐、姜、鸡精、香油各适量。

做法

1. 将豆皮洗净切丝；香菇、红辣椒、鸡肉、姜分别洗净切丝；虾仁洗净；青菜洗净。
2. 起锅点火，倒入高汤，将豆皮丝、虾仁、香菇、鸡肉、红辣椒一起下锅，加少许盐煮 8 分钟；再放入几片青菜，加入姜丝、鸡精、香油煮 3 分钟即成。

宜 √ 此菜对精血受损者有益。

忌 × 过敏体质者不宜多食此菜。

提神健脑

金牌煮豆皮丝

材料

豆皮 400 克，土豆 200 克，虾仁 100 克，鸡汤 500 克，红辣椒、青菜各适量。

调料

盐、姜、胡椒粉、食用油各适量。

做法

1. 豆皮洗净切丝；土豆洗净切丝；姜、红辣椒洗净切丝；青菜洗净。
2. 锅内放油烧热，加入豆皮丝、姜丝稍翻炒一下；加入鸡汤、土豆丝、红辣椒丝、虾仁，煮开后转小火煮 15 分钟；加入几片青菜，加盐再煮 2 分钟出锅。
3. 出锅前，撒入少许胡椒粉调味。

宜 √ 此菜对身体羸弱者有益。

忌 × 消化功能不良者不宜多食此菜。

补益肝肾

豆皮夹肉煲

材料

豆皮 5 张，猪瘦肉 150 克。

调料

葱末 5 克，姜末 10 克，味精 30 克，盐 15 克，酱油、白糖、胡椒粉、蛋清各少许，高汤 150 毫升，料酒 15 毫升，蚝油少许。

做法

1. 将豆皮洗净切成 10 厘米长、4 厘米宽的条，猪瘦肉洗净剁成末。
2. 把肉末加盐、味精、料酒、少许蛋清，入碗中拌搅，用豆皮卷起来。
3. 锅内放入蚝油煸炒葱末、姜末，放入高汤、酱油、白糖、胡椒粉用中火烧至熟即可。

宜 √ 此菜对骨质疏松症患者有益。

忌 × 糖尿病患者应慎食此菜。

养心润肺

东北浓汤豆皮

材料

豆皮 200 克，红辣椒 20 克，肥肉 100 克。

调料

盐 3 克，高汤 300 毫升、食用油少许。

做法

❶ 将豆皮、肥肉、红辣椒洗净，切条。

❷ 锅中加食用油烧热，放入豆皮、肥肉、红辣椒翻炒至熟。

❸ 倒入高汤，煮至熟软，最后调入盐拌匀即可。

大厨献招

因为肥肉会出油，所以不用加太多的食用油。

宜	√ 此菜对心神不安者有益。
忌	× 肾功能不全者最好少吃此菜。

补血养颜

豆皮结蒸白鲞

材料

豆皮 250 克，白鲞鱼干 100 克。

调料

盐 3 克，味精 1 克，料酒 5 毫升，葱 20 克。

做法

❶ 豆皮洗净，切条，打成结；白鲞鱼干洗净，切块；葱洗净，切长段备用。

❷ 将豆皮和白鲞鱼干置于容器中，撒上葱段；将盐、味精、料酒调成味汁，浇在豆腐结上。

❸ 将容器置于蒸笼中蒸至所有材料熟透，即可食用。

大厨献招

加入少许蒜蓉，此菜味道会更好。

宜	√ 此菜对脾胃气虚者有益。
忌	× 肝胆病患者不宜多食此菜。

降低血脂

水煮豆皮串

材料

豆皮 200 克，葱丝 100 克，香菜 100 克，干红辣椒 20 克。

调料

盐 3 克，味精 1 克，生抽 8 毫升，红油、胡椒粉各适量。

做法

1. 豆皮洗净切方形块；香菜洗净切段；干红辣椒洗净切段。
2. 抓取适量葱丝和香菜段，放在平铺的豆皮上，将豆皮对角卷起，并用牙签串起。
3. 锅中注水烧沸，加入卷好的豆皮串煮熟，再加入所有调料及干红辣椒调味即可。

宜 √ 此菜对免疫力低下者有益。

忌 × 子宫脱垂患者不宜食用此菜。

美容养颜

豆皮扣瓦罐

材料

豆皮 400 克，干红辣椒适量。

调料

盐 3 克，鸡精 2 克，红油、生抽、食用油各适量。

做法

1. 豆皮洗净，切条，打成结；干红辣椒洗净，切段。
2. 锅中注油烧热，下干红辣椒爆香，加入豆皮，调入生抽和红油，炒至变色，加适量水，烧至熟透。
3. 加盐和鸡精调味即可。

大厨献招

加适量红糖，此菜口感会更好。

宜 √ 此菜对身体羸弱者有益。

忌 × 消化功能不良者不宜多食此菜。

排毒瘦身

竹笋炒腐皮

材料

竹笋 200 克，腐皮 8 张。

调料

酱油 15 毫升，白糖 5 克，盐 1 克，水淀粉 10 克，香油 10 毫升，香菜末、食用油各适量。

做法

❶ 竹笋洗净切斜刀块；腐皮洗净切块。

❷ 油烧热，放入腐皮炸至金色时倒入漏勺；锅内留油，烧至三成热，入竹笋煸炒，加入盐、酱油、白糖和清水煮 1 ~ 2 分钟，再放入腐皮炒匀，待汤烧沸后，用水淀粉勾薄芡拌匀，淋入香油，撒上香菜末即成。

宜 √ 此菜对免疫力低下者有益。

忌 × 火毒盛者不宜多食此菜。

提神健脑

芥蓝拌豆丝

材料

芥蓝、豆皮各 100 克。

调料

盐 3 克，白糖 5 克，香油 2 毫升。

做法

❶ 将豆皮洗净后切成长细丝。

❷ 将芥蓝清洗干净切小段，放入沸水中烫熟捞出，晾凉，沥水。

❸ 豆皮、芥蓝放一起，加盐、白糖、香油拌匀即可。

大厨献招

豆腐丝洗净后,入开水汆一下可去掉豆腥味。

宜 √ 此菜对纳呆食少者有益。

忌 × 痢疾患者不宜多食此菜。

开胃消食

三色豆皮卷

材料

豆皮 200 克，黄瓜 150 克，生菜适量。

调料

高汤黑椒拌酱适量。

做法

❶ 豆皮洗净，切宽片；黄瓜洗净，切条；生菜洗净，摆盘。

❷ 将黄瓜用豆皮包裹，做成豆皮卷，摆在生菜上，蘸以高汤黑椒拌酱食用即可。

大厨献招

选用卤味豆皮，味道会更好。

宜 √ 此菜对胃口不佳者有益。

忌 × 脾虚滑泻者不宜多食此菜。

美容养颜

酱肉蒸腐竹

材料

酱肉 400 克，腐竹 300 克。

调料

盐 3 克，味精 1 克，料酒 20 毫升，干红辣椒段 15 克。

做法

❶ 腐竹洗净泡软，切成段；酱肉洗净，切成片备用。

❷ 腐竹垫在盘里，撒上盐、味精，腐竹上铺上酱肉片，淋上料酒，放上干红辣椒段，用大火蒸熟即可。

大厨献招

加入葱、蒜会让此菜更美味。

宜 √ 此菜对消化不良者有益。

忌 × 急性炎症患者不宜多食此菜。

增强免疫力

五彩什锦

材料

腐竹200克，银耳200克，黑木耳200克，花生仁、红辣椒各适量。

调料

盐、味精、香油、食用油各适量。

做法

1. 腐竹、银耳、黑木耳洗净，温水泡发，入开水中焯水后，捞出沥干撕片；腐竹泡好切段；红辣椒洗净切斜片；花生仁洗净，待用。
2. 油锅烧热，下腐竹、银耳、黑木耳、花生仁、红辣椒炒熟，起锅装盘。
3. 淋上香油，撒上盐、味精拌匀即可。

宜 √ 此菜对身体羸弱者有益。

忌 × 痛风患者应慎食此菜。

美容养颜

素烩腐竹

材料

腐竹100克，香菇3朵，胡萝卜1根，芹菜1根。

调料

食用油少许，盐5克，胡椒粉2克，香油10毫升，淀粉10克。

做法

1. 腐竹泡软切段；香菇泡软切片；芹菜洗净切片；胡萝卜洗净切片。
2. 锅中注油烧热，放入香菇片炒香，再放入腐竹、胡萝卜片拌炒片刻，加入盐、胡椒粉和水烧开，转小火焖煮至腐竹软嫩。
3. 放入芹菜翻炒一下，用淀粉加水勾薄芡，淋入香油即可。

宜 √ 此菜对骨质疏松症患者有益。

忌 × 痛风患者应慎食此菜。

增强免疫力

腐竹拌羊肚丝

材料

腐竹、羊肚各 150 克。

调料

盐、味精各 3 克，香油 10 毫升，红辣椒丝、香菜各少许。

做法

1. 羊肚洗净，切丝，用沸水汆熟后捞出；腐竹泡发洗净，切丝，用沸水焯熟后取出；香菜洗净。
2. 将羊肚、腐竹、香菜、红辣椒丝同拌。
3. 调入盐、味精拌匀，淋入香油即可。

大厨献招

腐竹一定要提前泡发透。

宜 √ 此菜对免疫力较弱者有益。

忌 × 正在服用优降灵等降压药的患者应慎食此菜。

开胃消食

腐竹烧肉

材料

腐竹 150 克，猪肉 500 克。

调料

姜片 10 克，葱段 15 克，盐 7 克，料酒 10 毫升，八角 15 克，淀粉 10 克，酱油 10 毫升、食用油适量。

做法

1. 猪肉洗净切成块，加少许酱油、淀粉腌 2 分钟；腐竹泡透，切成段。
2. 油锅烧热，放猪肉块炸至金黄，捞出沥油。
3. 将猪肉块放入锅内，加入适量水、酱油、盐、料酒、八角、葱段、姜片，待煮开后转小火，焖至猪肉块八成熟时，加腐竹同烧入味即可。

宜 √ 此菜对骨质疏松症患者有益。

忌 × 肾炎患者不宜多吃此菜。

排毒瘦身

腐皮青菜

材料

腐皮 70 克，上海青 80 克。

调料

盐 5 克，老抽 10 毫升，食用油适量。

做法

1. 上海青择洗干净，取其最嫩的部分，放入加盐开水中焯烫，摆入盘中；腐皮用水浸透后，卷起。
2. 炒锅上火，加油烧至五成热，加入腐皮、老抽，炸至腐皮金黄色时，出锅。
3. 将腐皮整齐地码在上海青上即可。

大厨献招

炸腐皮时不宜用大火，以免炸糊。

宜 √ 此菜对食欲不佳、消化不良者有益。

忌 × 正在服用四环素的患者应慎食此菜。

排毒瘦身

老地方豆皮卷

材料

黄瓜丝、土豆丝、葱丝、香菜末、红辣椒丝各 60 克，豆皮适量。

调料

盐、味精、香油各适量。

做法

1. 将土豆丝、红辣椒丝分别入沸水中焯水后，土豆丝与黄瓜丝、葱丝、香菜末、盐、味精、香油同拌。
2. 将拌好的材料分别用豆皮卷好装盘。
3. 撒上红辣椒丝即可。

大厨献招

土豆丝要焯至熟透，口感才会更佳。

宜 √ 此菜对五脏亏损者有益。

忌 × 糖尿病患者应慎食此菜。

开胃消食

炸腐竹

材料

腐竹 400 克。

调料

盐 3 克，味精 2 克，食用油少许。

做法

❶ 腐竹洗净泡软，开水煮熟，捞出沥干水，切段。

❷ 大火烧热油锅，放入腐竹炸至金黄色，表面起泡，撒上盐、味精调味，捞出装盘。

大厨献招

如果用菜籽油大火炸，风味更足。

宜	√ 此菜对胃口不佳者有益。
忌	× 痰湿偏重者不宜多食此菜。

增强免疫力

胡萝卜芹菜拌腐竹

材料

胡萝卜 50 克，芹菜 300 克，腐竹 200 克。

调料

盐 3 克，酱油 10 毫升，香油 15 毫升，醋 8 毫升，味精少许。

做法

❶ 腐竹洗净，切成丝，盛入碗中待用。

❷ 芹菜去叶，洗净；胡萝卜去皮，洗净，均切成相同大小的丝，放沸水中烫一下捞出，用凉开水过凉后，沥干水分，一起盛入碗里。

❸ 将香油、酱油、盐、醋、味精倒入碗里，与芹菜、腐竹、胡萝卜拌匀即可。

宜	√ 此菜对脾胃气虚者有益。
忌	× 急性炎症患者不宜多食此菜。

03

豆香风味菜

豆豉可开胃醒脾，豆花能清热解毒，豆渣有保护心脑血管的功效，用其做成菜肴也别有风味，令人回味无穷。豆酱制作工艺简单，能最大限度保有黄豆的营养。

排毒瘦身

豆豉红辣椒炒苦瓜

材料

豆豉 20 克，红辣椒 50 克，苦瓜 200 克。

调料

盐 3 克，鸡精 2 克，食用油、醋、水淀粉各适量。

做法

1. 苦瓜洗净，切条；红辣椒去蒂洗净，切条。
2. 热锅下食用油，放入苦瓜炒至五成熟时，放入红辣椒、豆豉，加盐、鸡精、醋调味，待熟，用水淀粉勾芡，装盘即可。

大厨献招

苦瓜用沸水汆一下再烹饪，可以减少苦味。

宜	√ 一般人都可食用，尤其适合女性食用。
忌	× 脾胃虚寒者应慎食此菜。

降低血糖

豆豉炒苦瓜

材料

豆豉 100 克，苦瓜 250 克，红辣椒 30 克。

调料

盐 3 克，鸡精 2 克，酱油、食用油、醋各适量。

做法

1. 苦瓜去瓤洗净，切丁；红辣椒去蒂洗净，切丁。
2. 热锅下油，放入苦瓜滑炒片刻，再放入红辣椒、豆豉，加盐、鸡精、酱油、醋炒至入味，待熟，盛盘即可。

大厨献招

颜色青翠、新鲜的苦瓜才比较优质。

宜	√ 豆豉对烦躁不宁者有益。
忌	× 湿热体质者不宜多吃豆豉。

开胃消食

地皮菜懒豆渣

材料

地皮菜 100 克，豆渣 300 克，肉末适量。

调料

食用油、盐、生抽、鸡精各适量。

做法

1. 将豆渣放入锅中，加盐、鸡精和适量水，煮开后再煮 5 分钟使其熟透；取出放凉待用。
2. 起油锅，将地皮菜切碎倒入锅中，加盐、肉末、鸡精翻炒熟，取出放凉。
3. 将凉透的豆渣和地皮菜，加入生抽，拌匀后倒扣入盘即成。

宜 √ 地皮菜具有补虚益气、滋养肝肾的作用。

忌 × 脾胃虚寒及泄泻者不可多食此菜。

开胃消食

剁椒蒸臭豆干

材料

剁椒 100 克，臭豆干 120 克。

调料

干红辣椒段、八角各 10 克，豆豉、豆瓣酱各 5 克，红油 10 毫升，味精 5 克，香菜少许，香油、食用油各适量。

做法

1. 香菜洗净，切段；臭豆干冲净，装盘。
2. 油锅烧热，放入干红辣椒段、八角爆香，加入豆豉、豆瓣酱、红油、味精爆至香味浓郁，然后浇在臭豆干上，撒上剁椒。
3. 放入锅中蒸 15 ~ 20 分钟，出锅前淋上香油、放上香菜即可。

宜 √ 八角的主要成分是茴香油，可促进消化液分泌。

忌 × 多食八角可能会伤目。

排毒瘦身

剁椒臭豆腐

材料

剁椒 100 克，臭豆腐 500 克。

调料

盐、香葱、蒜、酱油、白糖、味精、红油、食用油各适量。

做法

❶ 臭豆腐洗净切块；香葱、蒜洗净切末。

❷ 热锅倒入适量油，放入剁椒、蒜末、葱末炒香，加入酱油、白糖、味精、红油和适量水，烧开后关火盛盘。

❸ 将臭豆腐块放入汤汁中，再铺上一层剁椒，放入蒸锅中用中火蒸 10 分钟取出即成。

宜 √ 臭豆腐是发酵制品，其中含有植物蛋白，能增进食欲。

忌 × 痛风及肾病患者不宜多食臭豆腐。

增强免疫力

豆豉辣椒圈

材料

青辣椒、红辣椒各 200 克，豆豉 50 克，猪肉 100 克。

调料

盐 3 克，鸡精 2 克，酱油、醋、食用油各适量。

做法

❶ 青辣椒、红辣椒均去蒂洗净，切圈；猪肉洗净，切末。

❷ 热锅下油，放入肉末略炒，再放入青辣椒、红辣椒翻炒片刻，加盐、鸡精、酱油、醋，放入豆豉炒至入味，待熟，装盘即可。

宜 √ 此菜对于脾胃不振者有益。

忌 × 痔疮患者应忌食此菜。

开胃消食

豆豉蒸丝瓜

材料

丝瓜 400 克。

调料

盐 3 克，葱、蒜、红辣椒各 10 克，食用油、豆豉酱、香油各适量。

做法

1. 丝瓜去皮洗净，切厚片，摆好盘；葱洗净，切末；蒜去皮洗净，切末；红辣椒去蒂洗净，切末。
2. 锅下油烧热，放入盐、葱、蒜、红辣椒、豆豉酱、香油炒匀，均匀地淋在丝瓜上，入蒸锅蒸熟后，取出即可。

宜 √ 此菜对产后乳汁不通者有益。

忌 × 易腹泻者应慎食此菜。

增强免疫力

豆豉椒丁豆干

材料

豆豉 30 克，青辣椒 200 克，红辣椒 100 克，豆干 150 克。

调料

盐 3 克，鸡精 2 克，酱油、醋各适量。

做法

1. 青辣椒、红辣椒均去蒂洗净，切丁；豆干洗净，切丁。
2. 热锅下油，放入青辣椒、红辣椒、豆干翻炒片刻，放入豆豉，加盐、鸡精、酱油、醋调味，炒熟，装盘即可。

大厨献招

加点五香粉调味，味道会更好。

宜 √ 此菜对于患有风寒感冒者有益。

忌 × 肺结核患者应忌食此菜。

增强免疫力

天府豆花

材料

豆花300克，馒头泥、黄豆各20克。

调料

醋、淀粉、盐、葱花、火锅油各适量。

做法

1. 黄豆洗净，放入清水中，加入少许盐泡发，和馒头泥分别入油锅用慢火煮熟备用。
2. 锅上火，加入水，放入豆花、醋煮沸，调入盐，用淀粉勾薄芡后盛出，加入泡好的黄豆和馒头泥，淋上烧热的火锅油，撒上葱花即可。

宜 √ 黄豆中含有亚香油，可以有效地抑制黑色素的生成。

忌 × 反胃之人应慎食此菜。

开胃消食

豆花麻辣酥

材料

豆花280克。

调料

黄豆酱20克，红油辣酱20克，盐2克，生抽5毫升，味精1克，葱花、香油各适量。

做法

1. 黄豆酱、红油辣酱、盐、味精、生抽、香油置于同一容器搅拌均匀，倒在盛有豆花的容器中。
2. 将豆花放入蒸笼蒸5分钟取出，撒上葱花即可食用。

大厨献招

加入少许蒜末，此菜味道会更好。

宜 √ 此菜对于营养不良者有益。

忌 × 慢性肠炎患者不宜食用此菜。

提神健脑

南山泉水嫩豆花

材料

黄豆200克，熟石膏水少许，黄桃、火腿、豌豆各适量。

调料

盐2克，味精1克，香油5毫升。

做法

1. 黄豆洗净泡发；黄桃洗净，切丁，火腿切丁；豌豆洗净，与火腿同入沸水中汆至断生，捞出沥干。
2. 泡发黄豆放入豆浆机中磨成豆浆，加熟石膏浆水点成豆花。
3. 泡豆花打散，加入黄桃、豌豆、火腿和所有调料，拌匀即可。

宜 √ 黄豆有预防心血管疾病的功效。

忌 × 黄桃不宜与白酒同食。

美容养颜

芙蓉豆花

材料

豆花300克，番茄酱60克，蒜、火腿各适量。

调料

盐3克，味精1克，香油10毫升。

做法

1. 蒜去皮洗净，切成蒜蓉；火腿切丁。
2. 豆花加热置于容器中，加番茄酱、蒜蓉和火腿，撒上盐和味精，入锅中蒸熟。
3. 蒸好后淋上香油即可食用。

大厨献招

此菜不必蒸时间太长，以免营养成分流失。

宜 √ 豆花有补虚损、润肠燥的功效。

忌 × 遗精梦泄者应慎食此菜。

增强免疫力

肉末豆花

材料

猪肉 50 克，豆花 300 克。

调料

盐 3 克，味精 1 克，酱油、料酒各 6 毫升，食用油、水淀粉、葱花各适量。

做法

1. 豆花加热，打成块状置于盘中；猪肉洗净，沥干剁成肉末，用酱油和料酒腌渍片刻。
2. 锅中注油烧热，下肉末炒至断生，加入盐和味精调味，用水淀粉勾芡。
3. 做好的肉末酱倒在豆花上，撒上葱花即可。

大厨献招

炒肉末时加入少许姜末，味道会更好。

宜 √ 此菜对食欲不振者有益。

忌 × 易腹泻、腹胀者不宜食用此菜。

开胃消食

川味酸辣豆花

材料

豆花 300 克，盐水黄豆 80 克。

调料

盐 3 克，味精 1 克，辣椒油、葱花、醋各适量。

做法

1. 豆花置于瓦罐中，加适量水和盐水黄豆烧沸。
2. 加盐、味精、醋和辣椒油调味，撒上葱花，搅拌均匀即可。

大厨献招

葱花不宜在锅中煮太久，以免营养成分流失。

宜 √ 豆花对老年支气管炎患者有益。

忌 × 患有慢性肠炎者不宜食用此菜。

保肝护肾

黑豆花

材料

黑豆清浆　1000毫升
豆花粉　80克

调料

芝麻酱　40克
香菜　20克
青辣椒丝　适量
红辣椒丝　适量
酸萝卜干　适量
芥末酱　适量
红油辣酱　适量
炒黄豆　适量

做法

1. 将豆花粉放入过滤网袋中，向网袋内注入清水，过滤掉杂质，留下豆浆水备用。
2. 黑豆清浆烧至九成热，冲入豆浆水中，静置片刻即可。
3. 配上香菜、芝麻酱等调料的味碟蘸食即可。

宜　√ 此菜对于盗汗、自汗者有益。
忌　× 芥末不宜与胡椒粉同时作为调料。

开胃消食

什锦豆花

材料

薯条 1 包，火腿、豌豆、胡萝卜、黄豆、玉米粒各适量，豆花 200 克。

调料

盐 3 克，味精 1 克，香油、葱花各适量。

做法

1. 豆花打碎备用；火腿洗净切丁；豌豆、玉米粒分别洗净；胡萝卜洗净切丁，与豌豆和玉米粒同入沸水中汆至断生，捞出沥干；黄豆洗净沥干，入热油中炸熟。
2. 锅中注水烧沸，下豆花，加入火腿、豌豆、胡萝卜、黄豆、玉米粒煮至熟。
3. 加盐、味精和香油调味，撒上葱花和薯条。

宜 √ 豌豆具有抗菌消炎，促进新陈代谢的功能。

忌 × 欲怀孕的女性不宜多吃胡萝卜。

提神健脑

过江豆花

材料

黄豆 250 克，熟石膏水适量。

调料

红油辣酱、腰果、花生仁、黄豆酱、榨菜、腐乳酱各适量。

做法

1. 黄豆洗净泡发；榨菜洗净，切丁；腰果、花生仁分别炒熟，碾碎。
2. 黄豆放入豆浆机磨成豆浆，稍凉后加入适量熟石膏水，搅匀，静置片刻。
3. 待豆浆凝固成豆花后，配上红油辣酱、腰果、花生仁、黄豆酱、榨菜、腐乳酱的味碟食用即可。

宜 √ 此菜对防治心脑血管疾病有益。

忌 × 肠滑不固者不宜食用此菜。

增强免疫力

家乡荤豆花

材料

豆花200克，猪瘦肉50克，酸菜100克，蘑菇适量。

调料

盐3克，味精1克，生抽、料酒各5毫升，葱段适量。

做法

1. 猪瘦肉洗净切片，用生抽、料酒腌渍片刻；酸菜洗净，沥干切丝；蘑菇洗净，沥干。
2. 锅中注入适量水烧沸，先后下猪瘦肉、酸菜和蘑菇煮至断生，下豆花稍煮，撒上葱段。
3. 加盐和味精调味即可。

宜 √ 蘑菇中含有某种物质可以起到镇痛镇静的作用。

忌 × 酸菜不宜与西红柿同食。

美容养颜

巴蜀豆花

材料

黄豆200克，熟石膏水少许。

调料

香油、生抽、花生仁碎、香菜末、味精、腰果碎、盐、醋、葱花、白糖、红油辣酱、蒜蓉各适量。

做法

1. 黄豆洗净，泡发，放入豆浆机中磨成豆浆。
2. 待豆浆稍凉后加入适量熟石膏水搅拌均匀，静置片刻。
3. 豆花成型后，用勺稍打碎，盛入碗中，配香油、生抽、花生仁碎、香菜末、味精、腰果碎、盐、醋、葱花、白糖、红油辣酱、蒜蓉的味碟即可食用。

宜 √ 此菜对于肺热喘咳者有益。

忌 × 身体虚寒者不宜食用此菜。

提神健脑

青辣椒豆花

材料

豆花250克，青辣椒、红辣椒、熟松子仁各适量。

调料

盐3克，鸡精2克，葱、香油适量。

做法

1. 青辣椒、红辣椒分别洗净，切丁；葱洗净，切葱花。
2. 锅中注水烧沸，下豆花和青辣椒丁、红辣椒丁稍煮，再加入熟松子仁。
3. 用盐和鸡精调味，撒上葱花即可。

大厨献招

松子仁不宜久煮，以免失去酥脆的口感。

宜 √ 此菜适合心脑血管疾病患者食用。

忌 × 肝胆功能严重不良者应忌食此菜。

美容养颜

家乡拌豆花

材料

豆花300克，雪里蕻100克。

调料

盐3克，味精1克，香油10毫升，食用油、干红辣椒、红辣椒粒、葱花各适量。

做法

1. 雪里蕻洗净切末，入沸水中汆至断生，捞出沥干；干红辣椒洗净，切段，用油爆香，备用。
2. 将雪里蕻、干红辣椒、盐、味精、香油、红辣椒粒、葱花置入装有豆花的容器中拌匀即可。

宜 √ 此菜适宜夏季发热患者食用。

忌 × 有寒性痛经的女性不可常食雪里蕻。

排毒瘦身

山珍豆花

材料

豆花200克，木瓜、芹菜、草菇、珍珠菇各适量。

调料

盐3克，味精1克，香油10毫升，水淀粉适量。

做法

1. 木瓜洗净，切条，芹菜洗净切段；草菇洗净，沥干切块，珍珠菇洗净；将芹菜、草菇、珍珠菇放入沸水中汆至断生，捞出沥干。
2. 锅中注水烧沸，下豆花，加入所有材料煮至熟。
3. 加盐、味精和香油调味，用水淀粉勾芡，搅匀即可。

宜 ✓ 珍珠菇含有丰富的矿物质，能干扰癌细胞的生长。

忌 × 肾功能衰竭者忌食此菜。

提神健脑

青菜豆花

材料

青菜350克，豆花400克，榨菜100克。

调料

盐、香油各适量。

做法

1. 青菜择洗干净，切碎；榨菜洗净，切碎。
2. 锅倒水烧开，加入盐，倒入豆花搅散后，倒入青菜碎煮至软。
3. 起锅后淋上香油，撒上榨菜即可。

大厨献招

水开后再入盐，要用小火煮青菜，可保存青菜里的维生素C。

宜 ✓ 此菜对于身热、胸闷者有益。

忌 × 气虚体质者不宜食用此菜。

健胃消食

农家菜豆花

材料

豆花200克，油麦菜100克，熟花生仁50克。

调料

盐3克，味精1克，香油8毫升，熟白芝麻、枸杞子各适量。

做法

1. 油麦菜洗净切末备用；枸杞子洗净，泡发备用。
2. 锅中注适量水烧沸，下豆花，加入油麦菜稍煮，再加入熟花生仁、熟白芝麻和枸杞子，继续烹煮片刻。
3. 加盐、味精和香油调味即可。

宜 √ 油麦菜适宜头晕乏力者多食。

忌 × 尿频之人应少食此菜。

提神醒脑

家乡菜豆花

材料

豆花150克，小白菜100克，油炸黄豆、熟花生仁碎各适量。

调料

盐3克，味精1克，蒜、水淀粉、香油各适量。

做法

1. 小白菜洗净沥干，切末；蒜去皮，切成末备用。
2. 锅中注水烧沸，下豆花稍煮，加入小白菜煮至断生。
3. 加盐、味精、蒜末、香油调味，用水淀粉勾芡搅匀，最后撒上油炸黄豆和熟花生仁碎即可。

宜 √ 小白菜富含维生素C，具有提高抗病能力的作用。

忌 × 脾胃虚寒的人应慎食此菜。

增强免疫力

红汤豆花

材料

豆花250克，盐水黄豆50克，面条适量。

调料

盐3克，味精1克，食用油、葱花、红油各适量。

做法

1. 面条入沸水中煮至断生，捞出沥干备用。
2. 锅中注少量食用油烧热，下葱花爆香，调入红油，加适量水烧沸，下豆花和盐水黄豆煮开。
3. 加盐和味精调味，加入面条拌匀即可食用。

宜 ✓ 此菜对免疫力低下者有益。

忌 × 肾功能不全者应忌食盐水黄豆。

美容养颜

口水豆花

材料

豆花300克，红辣椒丝、青辣椒丝各适量。

调料

盐3克，鸡精2克，食用油、番茄酱、葱花各适量。

做法

1. 豆花打成块状备用；青辣椒丝、红辣椒丝入沸水中汆至断生，捞出沥干备用。
2. 锅中注少量食用油，下番茄酱炒香，加入适量水烧沸，下豆花煮开。
3. 加盐和味精，撒上葱花和青辣椒丝、红辣椒丝即可。

宜 ✓ 此菜可以用来辅助治疗感冒、咳嗽。

忌 × 胃溃疡患者不宜食用此菜。

补血养颜

红油豆花

材料

豆花 200 克，鸡汤适量。

调料

盐 2 克，味精 1 克，红油辣酱、葱各适量。

做法

1. 豆花打碎备用；葱洗净，切葱花。
2. 锅中注鸡汤烧沸，下豆花，继续烹煮片刻。
3. 用盐和味精调味，加入红油辣酱和葱花即可。

大厨献招

加入少许枸杞子，此菜营养价值会更高。

宜	√ 鸡汤可治虚汗不止以及寒热咳嗽。
忌	× 女子经期最好少吃此菜。

开胃消食

魔术豆花

材料

黄豆 150 克。

调料

熟石膏水，盐 3 克，鸡精 2 克，食用油、葱花、蒜片、泡椒、熟白芝麻、红油各适量。

做法

1. 黄豆洗净泡发，磨成豆浆，加入熟石膏水制成豆花。
2. 锅中注食用油烧热，加盐、鸡精、葱花、蒜片、泡椒、熟白芝麻、红油炒香，浇在豆花上即可。

宜	√ 此菜对于脾胃不振者有益。
忌	× 内火炽盛者应忌食泡椒。

保肝护肾

苏轼豆花

材料

豆花350克，豌豆30克，肉末酱30克。

调料

盐3克，味精1克，食用油、葱花、红油各适量。

做法

1. 豆花打碎置于容器中；豌豆洗净，入沸水中煮熟，捞出沥干。
2. 锅中注少许食用油烧热，下肉末酱、红油和豌豆，加少量水煮开。
3. 调入盐和味精，将其倒在豆花上，撒上葱花即可。

宜 √ 此菜适宜维生素 B_1 缺乏病（脚气病）患者食用。

忌 × 血脂偏高、湿热内蕴者不宜食用肉末酱。

开胃消食

麻辣豆花

材料

豆花250克，酸萝卜丁100克，雪里蕻适量。

调料

盐3克，味精1克，生抽3毫升，葱、红辣椒各10克，食用油、红油、香油各适量。

做法

1. 酸萝卜丁用水浸泡片刻，洗净沥干；葱洗净，切葱花；红辣椒洗净，切圈；雪里蕻洗净切小段。
2. 锅下油加热，下酸萝卜丁、雪里蕻、红辣椒圈和葱花，放入生抽、香油和红油，加少量水煮沸。
3. 调入盐和味精搅匀，将其倒在盛有豆花的容器中即可。

宜 √ 雪里蕻对于牙龈肿痛有缓解作用。

忌 × 阴虚有热者不宜食用此菜。

增强免疫力

蘸水豆花

材料

黄豆 150 克。

调料

白糖适量。

做法

1. 黄豆洗净泡发，放入豆浆机中打成豆浆。
2. 将生豆浆煮沸，撇去浮末，备用。待豆浆稍凉后加入熟石膏浆，搅拌均匀，静置片刻。
3. 豆浆凝成固态后，配上白糖即可食用。

大厨献招

用红油、醋等制成味汁配食，此菜另有一番风味。

宜 √ 此菜对免疫力低下者有益。

忌 × 肾功能不全者应忌食此菜。

开胃消食

果香炖豆花

材料

菠萝、梨、什锦水果罐头各适量，豆花 250 克。

调料

白糖适量。

做法

1. 豆花打碎，置于容器中；菠萝、梨分别去皮，洗净切丁，连同什锦罐头内的果肉同置入装豆花的容器中。
2. 将白糖撒在豆花上，入蒸笼蒸 5 分钟即可食用。

大厨献招

此菜不宜蒸太久，以免水果营养成分流失。

宜 √ 此菜对炎症和水肿患者有益。

忌 × 有凝血功能障碍的人不宜食用此菜。

排毒瘦身

石磨豆花

材料

豆花200克，熟花生仁碎50克，油麦菜适量。

调料

盐3克，味精1克，香油、水淀粉各适量。

做法

1. 油麦菜洗净沥干，切段备用。
2. 锅中注适量水煮沸，倒入豆花、花生仁碎和油麦菜稍煮片刻。
3. 加盐、味精和香油调味，用水淀粉勾薄芡即可。

宜 √ 此菜对防治便秘有一定疗效，减肥时也可适当多食用。

忌 × 尿频者不宜多吃此菜。

养心润肺

海味豆花

材料

干鱿鱼50克，虾仁50克，豆花300克，菜心适量。

调料

盐3克，鸡精2克，香油10毫升。

做法

1. 干鱿鱼洗净，泡发，切段备用；菜心、虾仁洗净沥干。
2. 锅中注水煮沸，放入豆花、虾仁和鱿鱼煮至断生，加入菜心煮至熟透。
3. 加盐、鸡精和香油调味即可。

大厨献招

菜心要择去老梗，以免影响食用口感。

宜 √ 此菜对肾亏阳虚者有益。

忌 × 患过敏性鼻炎者不宜食用此菜。

排毒瘦身

酒酿豆花

材料

豆花 200 克，胡萝卜、豌豆各适量。

调料

酒酿、枸杞子各适量。

做法

❶ 胡萝卜洗净切丁；豌豆洗净，与胡萝卜丁放入沸水中汆至断生捞出；枸杞子洗净泡发。

❷ 锅中注水煮沸，调入酒酿、枸杞子和豆花煮至稍沸，加入胡萝卜、豌豆煮熟即可。

大厨献招

加入少许冰糖，此菜味道会更好。

宜 √ 此菜是记忆力衰退者的食疗佳品。

忌 × 在服用氢氯噻嗪时不宜食用胡萝卜。

增强免疫力

酸菜芙蓉米豆渣

材料

酸菜、肉末各 50 克，芙蓉米豆渣 300 克，清汤 100 克。

调料

盐 3 克，食用油、红辣椒、鸡精、胡椒粉各适量。

做法

❶ 将酸菜洗净切碎；红辣椒洗净切丁；新鲜芙蓉米豆渣沥干水。

❷ 热锅倒入食用油，倒入豆渣，加入盐、鸡精、胡椒粉和清汤，中火慢慢煮熟，盛盘待用。

❸ 起油锅，放入红辣椒、肉末爆香，加入酸菜翻炒均匀后，倒在豆渣上即成。

宜 √ 胡椒粉有防腐抑菌的作用，可解鱼蟹毒。

忌 × 咽喉发炎者不宜食用胡椒粉和辣椒。

提神健脑

乡村小豆渣

材料

豆渣300克，雪里蕻100克，熟鸡蛋黄2个。

调料

食用油、盐、葱花、蒜末、黄酒、生抽、鸡精、胡椒粉各适量。

做法

1. 将雪里蕻洗净切碎；熟鸡蛋黄碾碎待用；新鲜豆渣沥干水。
2. 起油锅，下豆渣小火炒至松软后盛出，锅内加入少许油，加入蒜末、葱末、雪里蕻炒出香味，再倒入豆渣，加盐、黄酒、生抽、鸡精、胡椒粉调味，翻炒均匀后出锅。
3. 盛盘，撒上碾碎的鸡蛋黄即成。

宜 √ 鸡蛋黄富含卵磷脂，对智力发育有益。

忌 × 胆固醇偏高者不宜多吃鸡蛋黄。

强健骨骼

四川豆渣

材料

豆渣300克，猪骨汤100克，香菜、姜、蒜各适量。

调料

盐3克，熟油20毫升，食用油、味精、胡椒粉、醋、老抽、香油各适量。

做法

1. 香菜、姜、蒜洗净切末；新鲜豆渣沥干待用。
2. 锅内入油烧热，放入豆腐渣，加入盐、味精、胡椒粉和猪骨汤，烧开后再煮5分钟，让豆渣入味熟透。
3. 取碗，倒入熟油、香菜末、姜末、蒜末、醋、老抽、香油，拌匀成酱汁佐食。

宜 √ 猪骨汤有益肾壮骨的功效，对肾虚胃弱者有益。

忌 × 记忆障碍患者不宜多食味精。

美肤养颜

川府嫩豆花

材料

豆花 250 克，枸杞子 5 克。

调料

葱、蒜、姜各 10 克，辣椒油、红油各 15 毫升，味精、盐各 3 克。

做法

❶ 将豆花舀入清水中浸泡；枸杞子洗净，蒸熟，撒在豆花上；葱、蒜、姜均洗净，切末。

❷ 油锅烧热，将葱末、蒜末、姜末、辣椒油、红油、味精、盐放入锅内，爆炒至香气浓郁，装入小碗中作为蘸料食用。

宜 ✓ 此菜对慢性肝炎、脂肪肝患者有益。

忌 × 患有火热病症者忌食辣椒油。

美容养颜

老北京豆酱

材料

青豆、黄豆各 80 克，猪肉皮适量。

调料

盐 3 克，鸡精 2 克，酱油 10 毫升，料酒 8 毫升，八角、桂皮料包 1 个，胡萝卜、姜片各适量。

做法

❶ 青豆、黄豆分别洗净泡发，沥干备用；猪肉皮洗净，入沸水中汆去污垢，捞出，切块；胡萝卜洗净切丁。

❷ 锅中注清水煮沸，加入所有原材料和调料，先用大火煮沸，再用小火熬煮至皮烂汤浓时，取出料包，将其倒入容器中，晾凉，倒扣于盘中，即可食用。可按个人喜好摆盘。

宜 ✓ 猪肉皮适宜阴虚心烦、咽痛者食用。

忌 × 高血压患者应少吃此菜为好。

美容养颜

龙乡豆酱

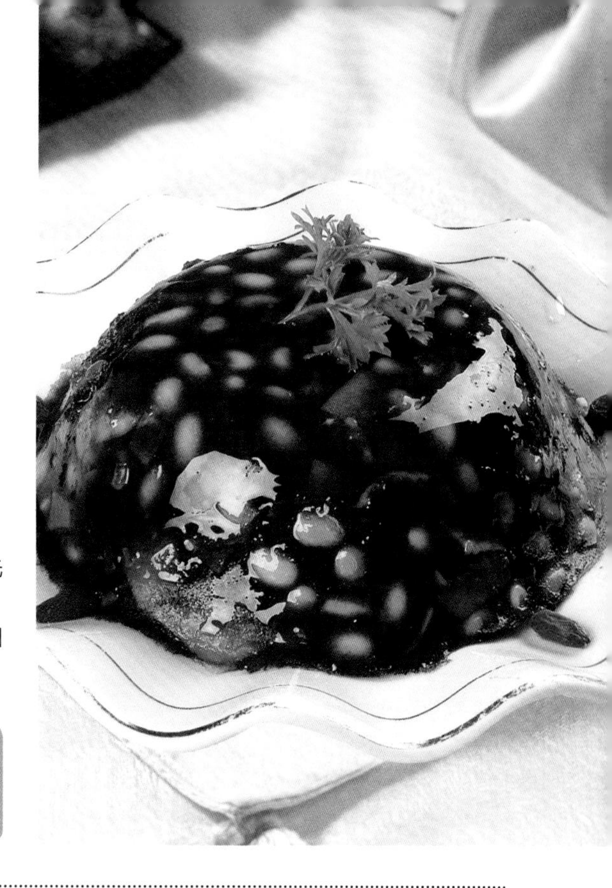

材料

青豆、黄豆各 80 克，猪肉皮适量。

调料

盐 3 克，鸡精 2 克，酱油 10 毫升，料酒 8 毫升，八角、桂皮料包 1 个，姜片、蒜末适量。

做法

1. 猪肉皮洗净，汆水备用；青豆、黄豆均洗净，入沸水中焯水备用。
2. 净锅内注水烧开，加入所有材料和调料，先用大火煮沸，再用小火熬煮至皮烂汤浓时，取出料包，将其倒入容器中，晾凉，倒扣于盘中，即可食用。

宜	√ 肉皮内含有大量胶原蛋白，能有效减缓细胞脱水老化。
忌	× 动脉硬化患者不宜食用此菜。

养心润肺

一品豆酱

材料

青豆 150 克，豆腐、猪肉皮各适量。

调料

盐 3 克，鸡精 2 克，酱油、料酒各 10 毫升，八角、桂皮、花椒料包 1 个，姜片、蒜末、红油、葱花各适量。

做法

1. 青豆洗净；猪肉皮洗净切丝；豆腐洗净，切丁。
2. 锅中注清水烧沸，加入所有材料和调料，先用大火煮沸，再用小火熬煮至皮烂汤浓，取出八角和桂皮料包，将黄豆酱晾凉，用利刀切开即可。
3. 取用剩余葱花、蒜末和酱油制成味碟，即可。

宜	√ 桂皮中含有苯丙烯酸类化合物，可防治前列腺增生。
忌	× 孕妇应慎食桂皮、八角等辛香料。

开胃消食

老北京黄豆酱

材料

黄豆 150 克，猪肉皮适量。

调料

盐 3 克，鸡精 2 克，酱油 10 毫升，料酒 8 毫升，八角、桂皮料包 1 个，姜片、蒜末适量。

做法

1. 黄豆洗净泡发，沥干备用；猪肉皮洗净切丝，入沸水中汆去污垢，捞出。
2. 锅中注清水烧沸，加入所有材料和调料，先用大火煮沸，再用小火熬煮至皮烂汤浓，取出八角和桂皮料包，将黄豆等倒入容器中，晾凉，倒扣于盘中，用利刀切开即可。

宜 ✓ 适量进食此菜可使皮肤保持弹性。

忌 × 外感咽痛、伤寒下痢者忌食肉皮。

增强免疫力

蒜泥豆酱

材料

黄豆 120 克，绿豆 50 克，猪肉皮适量。

调料

盐3克，鸡精2克，酱油10毫升，料酒8毫升，八角、桂皮料包1个，姜片、蒜蓉、红辣椒丝各适量。

做法

1. 黄豆、绿豆洗净泡发；猪肉皮洗净切丝。
2. 锅中注水烧沸，下所有材料和蒜蓉、红辣椒丝之外的所有调料，大火煮沸，再用小火熬煮至皮烂汤浓，取出八角和桂皮料包，将黄豆、猪肉皮连同汤汁一起倒入容器中，晾凉。
3. 将豆酱切成块状，撒上蒜蓉和红辣椒丝即可。

宜 ✓ 蒜泥中含有的辣素，能够消炎杀菌，预防流感。

忌 × 经常出现面红、午后低热者不宜食用此菜。

补血养颜

招牌豆酱

材料

黄豆、去皮花生仁、猪肉皮、胡萝卜各适量。

调料

盐3克，鸡精2克，酱油10毫升，料酒8毫升，八角、桂皮料包1个，姜片适量。

做法

1. 黄豆、花生米分别洗净沥干；猪肉皮洗净切块；胡萝卜洗净切丁。
2. 锅中注清水烧沸，下所有材料和蒜蓉、红辣椒丝之外的所有调料，先用大火煮沸，再用小火熬煮至皮烂汤浓，取出八角和桂皮料包，晾凉。
3. 将晾凉的豆酱切成块状即可食用。

宜 √ 胡萝卜中胡萝卜素能预防上皮细胞癌变。

忌 × 患有严重肝病、肾病者不宜食用 此菜。

增强免疫力

驴磨水豆渣

材料

豆渣350克，香菇、黑木耳各30克，金针菇、青辣椒、红辣椒各适量。

调料

盐、黄酒、酱油、老抽、胡椒粉各适量。

做法

1. 豆渣沥干；青辣椒、红辣椒洗净切丁；香菇、黑木耳洗净切丁；金针菇洗净。
2. 豆渣放入蒸锅中蒸10分钟，取出放凉待用；起油锅，放入香菇、黑木耳、金针菇，加盐、黄酒、酱油、老抽、胡椒粉和少许水，炒熟成酱汁待用。
3. 取在豆渣上撒上辣椒丁，淋上酱汁，拌匀即可。

宜 √ 黑木耳对于治疗便秘有不错的功效。

忌 × 腹泻者不宜食用此菜。

黄豆养生菜

黄豆中含有丰富的维生素 A、B 族维生素、维生素 D、维生素 E 以及多种人体所必需的氨基酸。中医认为黄豆性平，味甘，具有补脾益气、消热解毒的功效。

养颜润肤

芥蓝拌黄豆

材料

芥蓝 50 克，黄豆 200 克，红辣椒 4 克。

调料

盐 2 克，醋、味精各 1 克，香油 5 毫升。

做法

1. 芥蓝去皮洗净，切成碎段；黄豆洗净；红辣椒洗净，切段。
2. 锅内注水，大火烧开，把芥蓝放入水中焯过捞起控干；再将黄豆放入水中煮熟捞出。
3. 黄豆、芥蓝置于碗中，将盐、醋、味精、香油、红辣椒段混合调成汁，浇在上面即可。

大厨献招

芥蓝焯水时间不宜过长，以免变色。

宜 √ 此菜对神经衰弱者有益。

忌 × 中焦虚寒者不宜食用此菜。

降低血脂

家乡黄豆拌芥蓝

材料

黄豆 100 克，芥蓝 200 克，红辣椒少许。

调料

盐 3 克，香油适量。

做法

1. 黄豆洗净；芥蓝洗净，切小段；红辣椒去蒂洗净，切丁。
2. 锅入水烧开，分别将芥蓝、黄豆汆熟，捞出沥干，装盘。
3. 加盐、香油拌匀，用红辣椒点缀即可。

宜 √ 此菜对不思饮食者有益。

忌 × 痛风、肾病患者不宜食用此菜。

增强免疫力

雪里蕻炒黄豆

材料

黄豆 50 克，雪里蕻 200 克，猪肉 100 克。

调料

干红辣椒 10 克，盐 3 克，味精 2 克，食用油、酱油各少许。

做法

1. 雪里蕻洗净切碎；猪肉洗净剁成末；黄豆泡发；干红辣椒洗净切段。
2. 锅中加油烧热，下入肉末炒至发白，加入酱油炒熟后，盛出。
3. 原锅加油烧热，下入干红辣椒段爆香后，再下入黄豆、雪里蕻翻炒至熟，加入肉末炒匀，加盐、味精调味即可。

宜 √ 此菜对虚劳羸弱者有益。

忌 × 慢性胰腺炎患者不宜多食此菜。

养心润肺

雪里蕻拌黄豆

材料

雪里蕻 200 克，黄豆 50 克。

调料

盐 3 克，味精 1 克，醋 8 毫升，香油 10 毫升，红辣椒适量。

做法

1. 雪里蕻洗净，切段；黄豆洗净，泡发。
2. 锅内注水烧沸，放入雪里蕻与黄豆焯熟后，捞入盘中备用。
3. 向盘中加入盐、味精、醋、香油与红辣椒拌匀即可。

大厨献招

汆水时，要等到水烧至沸腾，再放入食材。

宜 √ 此菜对营养不良者有益。

忌 × 肾功能不全者最好少吃此菜。

提神健脑

黄豆拌海苔丝

材料

黄豆 250 克，海苔丝少许。

调料

盐 3 克，葱 5 克，牛奶适量。

做法

1. 黄豆洗净备用；葱洗净，切花。
2. 锅入水烧沸，加入盐，放入黄豆煮至熟透，捞出沥干，装盘。
3. 倒入牛奶拌匀，撒上葱花，放入海苔丝即可。

大厨献招

选用浓稠的纯牛奶，味道会更好。

宜	√ 此菜对脾胃气虚者有益。
忌	× 痛风患者应慎食此菜。

提神健脑

豆香排骨

材料

黄豆 100 克，猪排骨 600 克。

调料

食用油少许，盐 1 克，味精 2 克，豆瓣酱 10 克，辣椒酱、红油、香油各 5 毫升，鲜汤 500 毫升。

做法

1. 猪排骨洗净，斩段；黄豆泡发，洗净。
2. 锅加水烧热下入黄豆煮熟；另起锅倒油烧热，加入猪排骨煸炒至变色，下入豆瓣酱、辣椒酱炒香，倒入鲜汤，放入黄豆。
3. 加入盐、味精，烧至排骨酥烂时，收浓汤汁，淋上香油、红油即可。

宜	√ 此菜对食欲不振者有益。
忌	× 目赤肿痛者不宜多食此菜。

增强免疫力

辣椒丁黄豆

材料

黄豆 400 克，红辣椒 2 个，青辣椒 2 个。

调料

蒜 3 瓣，葱 2 根，姜 1 块，食用油 10 毫升，盐 5 克，鸡精 3 克。

做法

1. 将红辣椒、青辣椒洗净后切成丁状；蒜洗净切片，姜洗净切末，葱洗净切成葱花备用。
2. 锅中水煮开后，放入黄豆过水煮熟，捞起沥水。
3. 锅中留油，放入蒜片、姜末爆香，加入黄豆、红辣椒、青辣椒炒熟，调入盐、鸡精炒匀即可。

大厨献招

黄豆一定要泡软再炒，口感更好。

宜 √ 此菜对心慌气短者有益。

忌 × 低碘者应忌食此菜。

美容养颜

胡萝卜拌黄豆

材料

胡萝卜 300 克、黄豆 100 克。

调料

盐 10 克，味精 3 克，香油 15 毫升。

做法

1. 将胡萝卜削去头、尾，洗净，切成 8 毫米见方的小丁，放入盘内。
2. 将胡萝卜丁和黄豆一起入沸水中焯烫后，捞出沥水。
3. 黄豆和胡萝卜丁加入盐、味精、香油，拌匀即成。

宜 √ 此菜对体虚乏力者有益。

忌 × 有严重肝病者不宜食用此菜。

美容护肤

芹菜黄豆

材料

芹菜 100 克，黄豆 200 克。

调料

盐 3 克，味精 1 克，醋 6 毫升，生抽 10 毫升，干红辣椒少许。

做法

❶ 芹菜洗净，切段；黄豆洗净，用水浸泡待用；干红辣椒洗净，切段。

❷ 锅内注水烧沸，分别放入芹菜与浸泡过的黄豆焯熟，捞起沥干，并装入盘中。

❸ 将干红辣椒入油锅中炝香后，加入盐、味精、醋、生抽拌匀，淋在黄豆、芹菜上即可。

宜	√ 此菜对睡眠不宁者有益。
忌	× 消化功能不良者不宜多食此菜。

开胃消食

芥蓝拌腊八豆

材料

芥蓝 250 克，腊八豆 80 克。

调料

红辣椒 5 克，盐 3 克，味精 2 克，生抽、辣椒油各 10 毫升。

做法

❶ 芥蓝去皮，洗净，放入开水中烫熟，沥干水分。

❷ 红辣椒洗净，切成丁，放入水中焯一下。

❸ 将盐、味精、生抽、辣椒油调匀，淋在芥蓝上，加入红辣椒、腊八豆拌匀即可。

大厨献招

加点五香粉，味道会更好。

宜	√ 此菜对虚劳羸弱者有益。
忌	× 口腔溃疡患者不宜多食此菜。

提神健脑

巧拌香豆

材料

黄豆 150 克，豌豆苗 150 克，红辣椒少许。

调料

盐 3 克，香油、醋各适量。

做法

❶ 黄豆洗净；豌豆苗洗净；红辣椒去蒂洗净，切丝。

❷ 锅入水烧开，先将黄豆煮至熟透后，捞出沥干，装盘。

❸ 将豌豆苗汆水后，捞出沥干，装盘，加盐、香油、醋调味，与黄豆一起拌匀，用红辣椒点缀即可。

宜	√ 此菜对精神萎靡不振者有益。
忌	× 患疮疖期间不要食用此菜。

养颜护肤

香拌黄豆

材料

黄豆 300 克，干红辣椒适量。

调料

盐水、片糖、白酒、酒酿、盐各适量。

做法

❶ 黄豆洗净，放入开水锅中烫至断生，使其不能再发芽，捞起，漂洗后晾凉，用清水泡 4 天取出，沥干水分。

❷ 将盐水、片糖、干红辣椒、白酒、酒酿和盐一并放入坛中，搅拌，使片糖和盐溶化。

❸ 放入黄豆及香料包，盖上坛盖，泡制 1 个月左右即成。

宜	√ 此菜对营养不良者有益。
忌	× 子宫脱垂患者不宜食用此菜。

排毒瘦身

番茄酱黄豆

材料

花生仁、黄豆各 200 克。

调料

番茄酱 50 克。

做法

1. 花生仁、黄豆用清水浸泡备用。
2. 将泡好的材料放入开水中煮熟，捞出，沥干水分，放入容器中。
3. 往容器里加番茄酱，搅拌均匀，装盘即可。

大厨献招

黄豆用油爆炒一下，味道会更好。

宜	√ 此菜对免疫力低下者有益。
忌	× 肾炎患者不宜多吃此菜。

增强免疫力

黄豆芥蓝炒虾仁

材料

黄豆 300 克，芥蓝 50 克，虾仁 200 克，枸杞子少许。

调料

盐 3 克，食用油少许。

做法

1. 虾仁洗净沥干；黄豆洗净沥干；枸杞子洗净，芥蓝洗净，去梗切丁。
2. 锅中倒油烧热，下入黄豆和芥蓝炒熟。
3. 下入虾仁与枸杞子，炒熟后加盐调好味即可。

大厨献招

黄豆可浸泡半小时后再用。

宜	√ 此菜对五脏亏损者有益。
忌	× 有严重肝病者不宜食用此菜。

增强免疫力

茴香豆

材料

黄豆 500 克。

调料

茴香、桂皮、盐和食用山柰各适量。

做法

❶ 黄豆洗净，浸泡 8 小时后捞出沥干水。

❷ 将所有调料放入锅内，加适量水，放入泡发好的黄豆，用小火慢煮至黄豆熟。

❸ 待水基本煮干后，锅离火，揭盖冷却即成茴香豆。

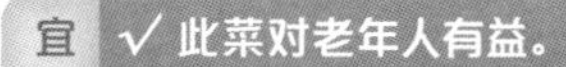

宜 √ 此菜对老年人有益。

忌 × 有痼疾者不宜多食此菜。

美容养颜

酒酿黄豆

材料

黄豆 200 克。

调料

酒酿 100 克，少许葱花。

做法

❶ 黄豆用水洗好，浸泡 8 小时后去皮洗净，捞出待用。

❷ 把洗好的黄豆放入碗中，倒入准备好的部分酒酿，放入蒸锅里蒸熟。

❸ 在蒸熟的黄豆里加入一些新鲜的酒酿，撒上葱花即可。

大厨献招

酒酿加热一下再淋入，味道会更好。

宜 √ 此菜对体虚乏力者有益。

忌 × 肝性脑病患者不宜多食此菜。

养心润肺

酱黄豆

材料

黄豆 250 克。

调料

野山椒 30 克，葱花、盐、酱油、八角、桂皮、香油、胡椒粉各适量。

做法

1. 黄豆洗净，放入温水中泡发。
2. 将黄豆放入锅中，加清水、八角、桂皮煮至酥烂，再加盐、酱油、胡椒粉、野山椒，使黄豆入味。
3. 食用的时候将黄豆捞出，淋上香油，撒上葱花即可。

宜 √ 此菜对气虚者有益。

忌 × 痛风、肾病患者不宜食用此菜。

美容护肤

红辣椒腊八豆

材料

腊八豆 250 克，红辣椒 30 克。

调料

盐 3 克，葱 5 克，鸡精 2 克，醋、水淀粉、食用油各适量。

做法

1. 腊八豆洗净；红辣椒去蒂洗净，切丁；葱洗净，切花。
2. 热锅下油，放入腊八豆炒至五成熟时，放入红辣椒，加盐、鸡精、醋炒至入味，待熟，用水淀粉勾芡，装盘，撒上葱花即可。

宜 √ 此菜对胃口不佳者有益。

忌 × 女性湿热带下者不宜多食此菜。

养心润肺

拌黄豆

材料

黄豆 100 克。

调料

红辣椒、白糖、盐、姜片、香菜叶各适量。

做法

1. 黄豆用清水泡发、泡透。
2. 红辣椒洗净，去蒂去籽，磨碎后加盐，搅拌成辣椒酱。
3. 将泡好的黄豆放入锅内，煮熟，加入盐、姜片搅拌后捞出，待凉后拌上辣椒酱、白糖即可食用。

大厨献招

加入少许陈醋，口感更佳。

宜 √ 此菜对记忆力减弱者有益。

忌 × 皮肤湿疹患者不宜多食此菜。

补血养颜

双豆养颜小炒

材料

黄豆、青豆各 150 克，猪皮 150 克。

调料

盐 3 克，干红辣椒 10 克，鸡精 2 克，食用油、酱油、醋各适量。

做法

1. 黄豆、青豆均洗净备用；猪皮洗净；干红辣椒洗净，切段。
2. 待热锅下油，放入干红辣椒炒香，放入猪皮翻炒片刻，再放入黄豆、青豆，加盐、鸡精、酱油、醋调味，稍微加点水，炒至熟透，盛盘即可。

宜 √ 此菜对骨质疏松症患者有益。

忌 × 糖尿病患者应慎食此菜。

开胃消食

腊八豆炒空心菜梗

材料

腊八豆 150 克，空心菜梗 200 克。

调料

盐 3 克，红辣椒 30 克，食用油少许。

做法

❶ 将空心菜梗洗净，切段；红辣椒洗净，去籽，切条。

❷ 锅中水烧热，放入空心菜梗焯烫一下，捞起。

❸ 锅烧热油，放入腊八豆、空心菜梗、红辣椒，调入盐，炒熟即可。

大厨献招

像空心菜这种有菜管的青菜，最好清洗干净，浸泡久一点再炒。

宜	√ 此菜对心神不安者有益。
忌	× 肠鸣腹泻者不宜多食此菜。

提神健脑

韭菜黄豆炒牛肉

材料

韭菜 200 克，黄豆 300 克，牛肉 100 克。

调料

干红辣椒 10 克，盐 3 克，食用油少许。

做法

❶ 韭菜洗净切段；黄豆洗净，浸泡约 1 小时后沥干；牛肉洗净切条；干红辣椒洗净切段。

❷ 锅中倒油烧热，下入韭菜炒至断生，加入牛肉和黄豆炒熟。

❸ 下干红辣椒和盐，翻炒至入味即可。

大厨献招

黄豆要充分泡发后再烹饪。

宜	√ 此菜对气血不足者有益。
忌	× 火毒热盛者不宜多食此菜。

补血养颜

家乡黄豆

材料

黄豆 200 克，青辣椒、红辣椒各 50 克，芹菜 100 克。

调料

盐 3 克，鸡精 2 克，食用油、酱油、醋各适量。

做法

1. 黄豆洗净泡好备用；青辣椒、红辣椒均去蒂洗净，切片；芹菜洗净，切段。
2. 锅入水烧开，放入黄豆煮熟后，捞出沥干，装盘。
3. 热锅下油，放入青辣椒、红辣椒、芹菜翻炒，加盐、鸡精、酱油、醋炒匀，盛入装黄豆的碗中，一起拌匀即可。

宜 √ 此菜对免疫力低下者有益。

忌 × 有慢性消化道疾病的人不宜多食此菜。

保肝护肾

黄豆炒鱼丁

材料

黄豆、鱼肉各 300 克，腰豆、白果各 200 克。

调料

蒜蓉 15 克，盐 3 克，味精 1 克、食用油少许。

做法

1. 鱼肉洗净，切成丁；腰豆、白果、黄豆洗净，入沸水锅焯烫后捞出。
2. 锅倒油烧热，倒入鱼肉过油后捞出沥干；另起油锅烧热，倒入黄豆、腰豆、白果、蒜蓉翻炒，鱼肉回锅继续翻炒至熟。
3. 加入盐、味精炒匀，起锅即可。

宜 √ 此菜对皮肤粗糙者有益。

忌 × 消化系统疾病患者不宜多食此菜。

05

青豆养生菜

青豆富含人体所必需的多种氨基酸，其中赖氨酸的含量较高。中医认为青豆性平，味甘，入脾、大肠经，具有健脾宽中、润燥消肿的作用。

提神健脑

生菜拌青豆

材料

生菜 150 克，红辣椒 50 克，青豆 200 克。

调料

盐 3 克，味精 2 克，生抽 8 毫升。

做法

1. 红辣椒洗净，切块；生菜洗净，撕成小块；青豆洗净备用。
2. 红辣椒、生菜放入开水稍烫后，捞出，沥干水分；青豆放在加了盐的开水中煮熟，捞出。
3. 将上述材料放入容器，加盐、味精、生抽搅拌均匀，装盘即可。

宜 √ 此菜对胸闷不适者有益。

忌 × 脾虚滑泻者不宜食用此菜。

保肝护肾

笋干丝瓜青豆

材料

笋干 100 克，丝瓜 100 克，青豆 200 克。

调料

盐 3 克，红辣椒 10 克，醋、香油各适量。

做法

1. 丝瓜、笋干洗净切条；红辣椒洗净切片；青豆洗净。
2. 把青豆、笋干、红辣椒、丝瓜放入沸水中氽熟后控水盛起。
3. 加入盐、醋、香油拌匀即可。

宜 √ 此菜对心慌气短者有益。

忌 × 中焦虚寒者不宜食用此菜。

提神健脑

青豆炒胡萝卜丁

材料

青豆、胡萝卜、莲藕各 100 克。

调料

盐 3 克，鸡精 2 克，水淀粉、食用油各适量。

做法

1. 青豆洗净；胡萝卜洗净，切丁；莲藕去皮洗净，切丁。
2. 热锅下油，放入青豆、胡萝卜、莲藕一起炒至五成熟时，加盐、鸡精炒至入味，待熟，用水淀粉勾芡，装盘即可。

宜 ✓ 此菜对健忘失眠者有益。

忌 × 肾功能不全者最好少吃此菜。

养心润肺

时蔬青豆

材料

白菜 100 克，白萝卜 200 克，青豆 150 克，红辣椒少许。

调料

盐 3 克，鸡精 2 克，醋、食用油各适量。

做法

1. 青豆洗净；白菜洗净，切碎；白萝卜去皮洗净，切片；红辣椒去蒂洗净，切末。
2. 热锅下油，放入青豆、白萝卜翻炒片刻，再放入白菜、红辣椒，加盐、鸡精、醋调味，炒熟装盘即可。

大厨献招

白菜要用清水多冲洗几遍，以免有农药残留。

宜 ✓ 此菜对营养不良者有益。

忌 × 痛风、肾病患者不宜食用此菜。

健脾宽中

青豆烧茄片

材料

青豆75克，茄子400克。

调料

味精、料酒、白糖、酱油、水淀粉、食用油、鲜汤、葱花、姜片、蒜末各适量。

做法

1. 茄子洗净，去皮切片；青豆洗净煮熟。
2. 将味精、料酒、白糖、酱油、水淀粉、鲜汤、葱花、姜片、蒜末调成味汁。
3. 锅中放油，烧至四成热时，放入茄子炸成金黄色后捞出，沥干油，再放回锅中，加青豆、味汁翻炒即可出锅。

宜 √ 此菜对消化不良者有益。

忌 × 皮肤瘙痒者不宜多食此菜。

养颜护肤

青豆炒虾

材料

青豆、虾各150克，红辣椒适量。

调料

盐、味精各3克，香油10毫升，食用油适量。

做法

1. 虾洗净；青豆洗净，下入沸水锅中煮至八成熟时捞出；红辣椒洗净，切块。
2. 油锅烧热，下河虾爆炒，入青豆炒熟，放红辣椒同炒片刻。
3. 调入盐、味精炒匀，淋入香油即可。

宜 √ 此菜对精血受损者有益。

忌 × 糖尿病患者应慎食此菜。

开胃消食

萝卜干拌青豆

材料

萝卜干 100 克，青豆 200 克。

调料

盐 3 克，味精 2 克，醋 6 毫升，香油 10 毫升。

做法

1. 萝卜干洗净，切小块，用热水稍焯后，捞起沥干待用；青豆洗净。
2. 锅内注水烧沸，加入青豆焯熟后，捞起沥干并装入盘中，再放入萝卜干。
3. 向盘中加入盐、味精、醋、香油拌匀即可。

大厨献招

萝卜干最好用清水泡一下，以免太咸。

宜 √ 此菜对健忘失眠者有益。

忌 × 皮肤湿疹患者不宜多食此菜。

增强免疫力

茴香青豆

材料

茴香 150 克，青豆 450 克。

调料

香油 15 毫升，盐 3 克，鸡精 2 克。

做法

1. 将青豆洗净，放入开水锅中焯熟，装入容器中；茴香洗净，焯水后捞出。
2. 将青豆、茴香加入盐和鸡精搅拌均匀，淋上适量香油，倒在盘中即可。

大厨献招

淋上少许红油，会让此菜更美味。

宜 √ 此菜对体虚脾弱者有益。

忌 × 慢性胰腺炎患者不宜多食此菜。

排毒瘦身

萝卜干拌青豆

材料

萝卜干 100 克，红辣椒适量，青豆 100 克。

调料

盐 3 克，醋、香油各适量。

做法

1. 萝卜干洗净切小段；红辣椒洗净切菱形片状；青豆洗净。
2. 把青豆、萝卜干、红辣椒放入沸水中汆熟后控水盛起。
3. 加盐、醋、香油拌匀即可。

大厨献招

加入酱油，味道更佳。

宜	√ 此菜对胃口不佳者有益。
忌	× 尿路结石患者不宜多食此菜。

护肤养颜

白果青豆

材料

白果 100 克，青豆 100 克，胡萝卜 100 克。

调料

盐 3 克，醋、香油各适量。

做法

1. 胡萝卜洗净切丁，白果、青豆洗净。
2. 把胡萝卜、青豆放入沸水中汆熟后控水，和白果一起放入盘中。
3. 加盐、醋、香油拌匀即可。

大厨献招

白果以外壳色白，种仁饱满的为佳。

宜	√ 此菜对精血受损者有益。
忌	× 肠滑泄泻者不宜多食此菜。

开胃消食

家乡腌豆

材料

青豆 50 克，蚕豆 50 克，腰果 50 克，花生、胡萝卜、黄瓜各适量。

调料

盐 3 克，白糖、白酒、姜各适量。

做法

1. 胡萝卜、黄瓜洗净切丁；青豆、蚕豆、腰果、花生洗净；姜洗净切片。
2. 锅里加适量清水，放入盐、白糖、白酒、姜片煮开，凉透后倒入容器中。
3. 把材料放入容器中密封，腌一段时间即可。

宜 √ 此菜对记忆力减弱者有益。

忌 × 酸中毒患者不宜食用此菜。

增强免疫力

青豆烧茄子

材料

青豆 300 克，茄子 200 克，红辣椒 50 克。

调料

盐 3 克，鸡精 2 克，醋适量，食用油少许。

做法

1. 青豆洗净备用；茄子去蒂洗净，切丁；红辣椒去蒂洗净，切丁。
2. 热锅下油，放入青豆、茄子一起翻炒片刻，放入红辣椒，加盐、鸡精、醋炒匀。
3. 加适量清水，烧至熟透，装盘即可。

宜 √ 此菜对食欲不佳者有益。

忌 × 肾功能不全者最好少吃此菜。

开胃消食

红油青豆烧茄子

材料

青豆、茄子各 200 克，红辣椒 30 克。

调料

盐 3 克，鸡精 2 克，红油、酱油、醋、食用油各适量。

做法

1. 青豆洗净；茄子去蒂洗净，切丁；红辣椒去蒂洗净，切圈。
2. 热锅下油，放入红辣椒炒香，放入青豆、茄子翻炒片刻，加盐、鸡精、红油、酱油、醋炒匀，加适量清水，烧至熟透，盛盘即可。

大厨献招

可以根据个人口味，加点辣椒酱调味。

宜 √ 此菜对食欲不振者有益。

忌 × 有疥癣者不宜多食此菜。

提神健脑

青豆烩丝瓜

材料

青豆 350 克，丝瓜 400 克，青辣椒、红辣椒各 15 克。

调料

蒜、葱白各 15 克，食用油适量，高汤 75 毫升，盐 3 克。

做法

1. 丝瓜削皮洗净，斜切成块；青辣椒、红辣椒洗净，切圈；葱白洗净，切成段；蒜去皮洗净拍碎；青豆洗净。
2. 锅倒油烧至五成热，炒香葱白、蒜碎、青辣椒、红辣椒，再放入青豆、丝瓜炒熟。
3. 倒入适量高汤，烧至汤汁将干，加盐调味即可。

宜 √ 此菜对皮肤粗糙者有益。

忌 × 中焦虚寒者不宜食用此菜。

开胃消食

红辣椒冲菜青豆

材料

红辣椒适量，冲菜 200 克，青豆 200 克。

调料

盐 3 克，醋、味精、食用油各适量。

做法

1. 冲菜洗净，放入开水中汆后沥水切碎；红辣椒洗净切末；青豆洗净。
2. 油锅加热，倒入红辣椒和青豆，翻炒片刻后倒入冲菜，加适量盐和醋。
3. 炒熟时加味精调味即可。

大厨献招

若加入香油调味，味道更佳。

宜 √ 此菜对脾胃气虚者有益。

忌 × 肾炎患者不宜多吃此菜。

排毒瘦身

盐菜拌青豆

材料

盐菜 100 克，青豆 300 克，红辣椒 30 克。

调料

盐 3 克，酱油 2 毫升。

做法

1. 盐菜剁碎；青豆洗净，沥干；红辣椒洗净切块。
2. 锅中注水烧开，加盐和青豆煮熟，捞出沥干。
3. 将盐菜和青豆、红辣椒放入盘中，倒入酱油拌匀即可。

大厨献招

青豆表皮的一层薄膜要剥除再烹饪。

宜 √ 此菜对骨质疏松症患者有益。

忌 × 急性炎症患者不宜多食此菜。

开胃消食

风味辣毛豆

材料

毛豆 500 克。

调料

盐适量，红油 10 毫升，辣椒油 3 毫升，干红辣椒 2 克，蒜 5 克，八角 10 克，桂皮 15 克。

做法

1. 毛豆洗净，剪去两端尖角；干红辣椒、蒜分别洗净切碎。
2. 锅中加水，放入八角、桂皮、干红辣椒及适量盐烧开，再下入毛豆。
3. 煮至毛豆熟后，捞出装盘，再淋上辣椒油、红油、蒜蓉拌匀即可。

宜 √ 此菜对饮酒过量者有益。

忌 × 火毒盛者不宜多食此菜。

开胃消食

豉香青豆

材料

青豆 100 克。

调料

红辣椒、香菜、葱花各适量，食用油、豆豉、盐、香油、味精各适量。

做法

1. 青豆洗净后入沸水锅略烫捞出；红辣椒洗净切片。
2. 锅内加油烧热，加入豆豉煸香，加青豆、盐、味精炒匀，淋上香油，最后以红辣椒、葱花点缀即可。

大厨献招

青豆不必汆烫太长时间，以免脱皮变色。

宜 √ 此菜对免疫力低下者有益。

忌 × 有慢性消化道疾病的人不宜多食此菜。

增强免疫力

糟香毛豆

材料

毛豆 400 克。

调料

糟油 20 毫升，味精 3 克，盐 6 克，白糖 50 克，葱姜 50 克，花雕酒 1000 毫升，茴香 5 克。

做法

1. 将毛豆洗净，剪去两头，放入锅中，用清水煮 15 分钟至熟，捞出沥干备用。
2. 所有调料加清水 1500 毫升烧开，待冷却后滤清，即成糟卤。
3. 将毛豆浸在糟卤里 2 小时，捞出装盘即成。

大厨献招

配醋食用，味道更佳。

宜 √ 此菜对气虚者有益。

忌 × 有严重肝病者不宜多食此菜。

降低血脂

五香毛豆

材料

毛豆 350 克。

调料

干红辣椒 50 克，八角 5 克，盐 3 克，鸡精 2 克，食用油适量。

做法

1. 将毛豆洗净，放入开水锅中煮熟，捞出沥干待用；干红辣椒洗净，切段；八角洗净，沥干。
2. 锅置火上，注油烧热，下入干红辣椒和八角爆香，再加入毛豆翻炒均匀。
3. 加入盐和鸡精调味，装盘。

宜 √ 此菜对精神萎靡不振者有益。

忌 × 皮肤瘙痒者不宜多食此菜。

开胃消食

芥菜炒青豆

材料

芥菜 350 克，青豆 250 克。

调料

青辣椒、红辣椒各 10 克，食用油少许，盐 3 克，鸡精 2 克。

做法

1. 将芥菜洗净，切碎；青豆洗净，焯水，沥干待用；青辣椒洗净，切丁；红辣椒洗净，切丁。
2. 锅中注油烧热，下入青豆滑炒，再加入芥菜翻炒至熟，加入青辣椒丁、红辣椒丁同炒。
3. 加盐和鸡精调味，起锅装盘。

宜 √ 此菜对脾胃气虚者有益。

忌 × 过敏体质者不宜多食此菜。

增强免疫力

菜心拌青豆

材料

菜心、青豆各 200 克。

调料

盐 3 克，味精 2 克，香油适量。

做法

1. 菜心、青豆洗净备用。
2. 将菜心放入开水中稍烫，捞出，沥干水分，切小段；青豆在加盐的开水中煮熟，捞出。
3. 将上述材料放入容器，加盐、味精、香油搅拌均匀，装盘即可。

大厨献招

菜心不能汆烫时间太长，以免营养成分流失。

宜 √ 此菜对功课繁忙的学生有益。

忌 × 腹痛腹胀者不宜食用此菜。

开胃消食

冲菜拌青豆

材料

冲菜 200 克，青豆 200 克，红辣椒适量。

调料

盐 3 克，醋、香油各适量。

做法

1. 冲菜、红辣椒洗净切碎；青豆洗净。
2. 把冲菜、青豆、红辣椒放入开水中焯熟后，沥干盛盘。
3. 加入盐、醋、香油拌匀即可。

大厨献招

加入酱油，味道更佳。

宜	√ 此菜对心神不安者有益。
忌	× 过敏体质者不宜多食此菜。

保肝护肾

丝瓜炒青豆

材料

丝瓜 250 克，青豆 100 克，红辣椒、青辣椒各 1 个。

调料

盐 5 克，鸡精 2 克，食用油适量。

做法

1. 丝瓜去皮切块；青豆洗净；红辣椒、青辣椒洗净，去蒂去籽，切斜片。
2. 锅中油烧至五成热，放入丝瓜过油 30 秒即起锅。青豆入沸水中焯烫后捞出。
3. 锅中放油烧热，先爆香红辣椒片、青辣椒片，再加入丝瓜、青豆翻炒至熟，调入盐、鸡精炒 2 分钟即可。

宜	√ 此菜对精神萎靡不振者有益。
忌	× 慢性胰腺炎患者不宜多食此菜。

增强免疫力

青豆炒肉末

材料

青豆 150 克，猪瘦肉 100 克。

调料

花生油、白糖、味精、盐各少许。

做法

1. 猪瘦肉洗净，切成粗末。
2. 将青豆煮熟后切成小粒。
3. 将花生油烧热，加入青豆和肉粗末炒熟，加盐、白糖、味精调味即可。

大厨献招

选购青豆时，要注意颜色越绿，其所含的叶绿素越多，品质越好。

宜 √ 此菜对虚劳羸弱者有益。

忌 × 糖尿病患者应慎食此菜。

开胃消食

雪里蕻青豆

材料

雪里蕻 200 克，青豆 200 克，红辣椒少许。

调料

盐 3 克，鸡精 2 克，酱油、醋各适量。

做法

1. 青豆洗净备用；雪里蕻洗净，切碎；红辣椒去蒂洗净，斜切圈。
2. 热锅下油，放入青豆略炒，再放入雪里蕻、红辣椒一起炒，加盐、鸡精、酱油、醋调味，炒至熟，装盘即可。

宜 √ 此菜对免疫力较弱者有益。

忌 × 皮肤病患者不宜多食此菜。

开胃消食

肉末青豆

材料

猪瘦肉 100 克，青豆 200 克，青辣椒、红辣椒各适量。

调料

盐 3 克，食用油、酱油、淀粉、味精各适量。

做法

1. 猪瘦肉洗净切末，用盐、酱油、淀粉腌渍，青辣椒、红辣椒洗净切碎，青豆洗净。
2. 油锅加热，倒入青辣椒、红辣椒、青豆，加盐翻炒片刻后放入肉末。
3. 炒熟后放味精调味即可。

宜 √ 此菜对体虚脾弱者有益。

忌 × 酸中毒患者不宜食用此菜。

养心润肺

脆萝卜炒青豆

材料

萝卜干 100 克，青豆 200 克。

调料

盐 3 克，红辣椒 10 克，食用油、酱油、味精各适量。

做法

1. 萝卜干洗净切小段，红辣椒洗净切碎，青豆洗净。
2. 油锅加热，倒入红辣椒、青豆、萝卜干，加盐翻炒片刻，淋入酱油。
3. 炒熟后，加味精调味即可。

宜 √ 此菜对饮酒过量者有益。

忌 × 痈疽患者不宜多食此菜。

06

赤小豆养生菜

赤小豆不仅是美味可口的食品，而且还是医家治病的妙药。中医认为赤小豆性平，味甘、酸，能利湿消肿、清热退黄、解毒排脓。

增强免疫力

南瓜赤小豆炒百合

材料

南瓜 200 克，赤小豆、百合各 150 克。

调料

盐 3 克，鸡精 2 克，白糖、食用油各适量。

做法

❶ 南瓜去皮去籽洗净，切菱形块；赤小豆泡发洗净；百合洗净备用。

❷ 热锅下油，放入南瓜、赤小豆、百合一起炒，加盐、鸡精、白糖调味，炒至断生，装盘即可。

大厨献招

选用新鲜百合烹饪，味道更佳。

宜 √ 此菜对肝腹水患者有益。

忌 × 脾胃虚寒、泄泻者不宜多食此菜。

开胃消食

赤小豆玉米葡萄干

材料

赤小豆 100 克，玉米 200 克，葡萄干 30 克，豌豆 50 克。

调料

盐 3 克，白糖、食用油各适量。

做法

❶ 赤小豆泡发洗净；玉米、豌豆均洗净备用。

❷ 锅下油烧热，放入赤小豆、玉米、豌豆一起炒至五成熟时，放入葡萄干，加盐、白糖调味，炒熟，装盘即可。

宜 √ 此菜对营养不良性水肿患者有益。

忌 × 中焦虚寒者不宜食用此菜。

补血养颜

赤小豆炒鲜笋

材料

赤小豆 200 克，竹笋 200 克。

调料

盐 3 克，鸡精 2 克，香油、食用油各适量。

做法

❶ 赤小豆泡发洗净；竹笋洗净备用。

❷ 锅下油烧热，放入竹笋翻炒一会儿，加盐、鸡精调味，待熟，摆好盘。

❸ 另起油锅，放入赤小豆炒至快熟时，加盐、鸡精、香油调味，盛盘即可。

宜 ✓ 此菜对肾性水肿患者有益。

忌 × 过敏体质者不宜多食此菜。

补血养颜

赤小豆杜仲鸡汤

材料

赤小豆 200 克，杜仲 15 克，鸡腿 1 只。

调料

盐 5 克，枸杞子 10 克。

做法

❶ 将鸡腿剁块，放入沸水中汆烫，捞起冲净。

❷ 将赤小豆洗净，和鸡肉、杜仲、枸杞子一起放入煲内，加水盖过材料，以大火煮开，转小火慢炖。

❸ 约炖 40 分钟，加盐调味即成。

大厨献招

赤小豆提前泡发后再烹饪，味道会更好。

宜 ✓ 此菜对心源性水肿患者有益。

忌 × 肾衰竭患者不宜多食此菜。

07

豌豆养生菜

中医认为豌豆性平，味甘，归脾、胃经，具有补中益气、止泻痢、调营卫、利小便、消痈肿之功效。

补益脾胃

翡翠牛肉粒

材料

豌豆	300 克
牛肉	100 克
白果	20 克

调料

盐	3 克
食用油	适量

做法

1. 豌豆、白果分别洗净沥干；牛肉洗净切粒。
2. 锅中倒油烧热，下入牛肉炒至变色，盛出。
3. 净锅再倒油烧热，下入豌豆和白果炒熟，倒入牛肉炒匀，加盐调味即可。

宜 √ 此菜对情志不舒者有益。

忌 × 皮肤瘙痒者不宜多食此菜。

利水消肿

腊肉煮豌豆

材料

腊肉 100 克，豌豆 200 克。

调料

盐 3 克，食用油、醋、味精各适量。

做法

1. 腊肉洗净切丁，豌豆洗净。
2. 油锅加热，倒入豌豆，加盐翻炒后放入腊肉，加适量清水。
3. 炒熟后淋入醋，加味精调味即可。

大厨献招

加入辣椒粉，味道会更佳。

宜 √ 此菜对健忘失眠者有益。

忌 × 皮肤湿疹患者不宜多食此菜。

增强免疫力

腊肉胡萝卜炒豌豆

材料

腊肉 100 克，胡萝卜、蒜苗各适量，豌豆 200 克。

调料

盐 3 克，食用油、醋、味精各适量。

做法

1. 腊肉、胡萝卜洗净切丁；蒜苗洗净切段；豌豆洗净。
2. 油锅加热，倒入豌豆和胡萝卜，加盐翻炒片刻后放入腊肉和蒜苗，淋入醋。
3. 炒熟后加味精调味即可。

大厨献招

加入火腿，味道会更佳。

宜 √ 此菜对免疫力低下者有益。

忌 × 有痼疾者不宜多食此菜。

开胃消食

橄榄菜炒豌豆

材料

橄榄菜 100 克，豌豆 200 克。

调料

盐 3 克，食用油、酱油、味精、醋、干红辣椒各适量。

做法

1. 橄榄菜洗净切碎；豌豆洗净；干红辣椒洗净切段。
2. 油锅加热，倒入干红辣椒、豌豆，翻炒几遍后放入橄榄菜，加盐、酱油和醋。
3. 炒熟后加味精调味即可。

大厨献招

加入蒜蓉，味道会更佳。

宜 √ 此菜对胃口不佳者有益。

忌 × 患疮疽期间不要食用此菜。

提神健脑

冬瓜双豆

材料

冬瓜 200 克，豌豆 50 克，黄豆 50 克，胡萝卜 30 克。

调料

食用油适量，盐 4 克，味精 3 克，酱油 2 毫升，鸡精 2 克。

做法

1. 冬瓜去皮，洗净，切丁；胡萝卜洗净切丁。
2. 将所有材料入沸水中稍焯烫，捞出沥水。
3. 起锅上油，加入冬瓜、豌豆、黄豆、胡萝卜和剩余调料一起炒匀即可。

宜 √ 此菜对营养不良者有益。

忌 × 过敏体质者不宜多食此菜。

养颜瘦身

萝卜干拌豌豆

材料

萝卜干 200 克
豌豆 200 克
青辣椒 适量
红辣椒 适量

调料

盐 3 克
醋 适量
香油 适量

做法

1. 萝卜干洗净切小段，青辣椒、红辣椒洗净切圈，豌豆洗净。
2. 把萝卜干、青辣椒、红辣椒、豌豆放入沸水中焯熟后控水，加盐、醋、香油拌匀即可。

大厨献招

豌豆以色泽嫩绿，自然，颗粒饱满、未浸水者为佳。

宜 √ 此菜对睡眠不宁者有益。
忌 × 皮肤湿疹患者不宜多食此菜。

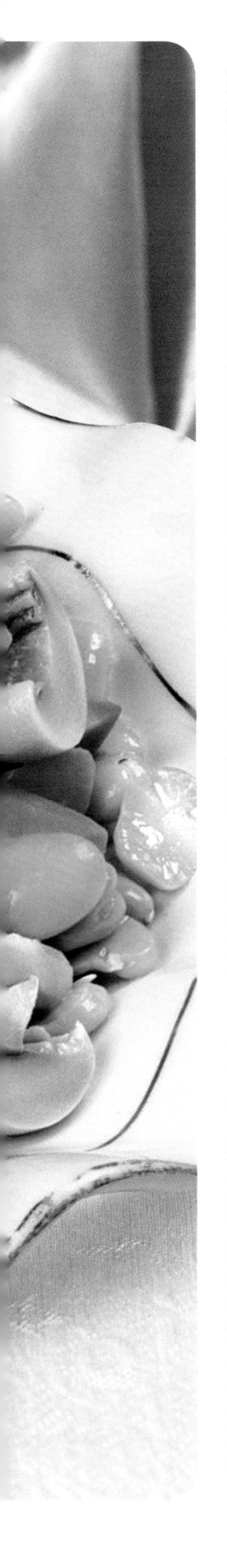

08

蚕豆养生菜

蚕豆中含有调节大脑和神经组织功能的钙、锌、锰、磷脂等营养物质，并含有丰富的胆石碱，营养价值极高。中医认为蚕豆性平，味甘，具有益胃、利湿、止血、解毒的功效。

清热解毒

蚕豆拌海蜇头

材料

蚕豆 100 克，海蜇头 200 克。

调料

盐 3 克，味精 1 克，醋 8 毫升，生抽 10 毫升，红辣椒少许。

做法

1. 蚕豆洗净，用水浸泡待用；海蜇头洗净，切片；红辣椒洗净，切片。
2. 锅内注水烧沸，分别放入海蜇头、蚕豆、红辣椒焯熟后，捞起沥干放凉并装入盘中。
3. 加入盐、味精、醋、生抽拌匀即可。

大厨献招

海蜇头与蚕豆一定要氽至熟透，方可食用。

宜 √ 此菜对饮酒过量者有益。

忌 × 有严重肝病者不宜食用此菜。

增强免疫力

蒜香蚕豆

材料

蚕豆 300 克，红辣椒少许。

调料

蒜 20 克，盐 3 克，食用油少许。

做法

1. 蚕豆去皮，洗净备用；红辣椒洗净；蒜去皮洗净，切末。
2. 锅入水烧开，放入蚕豆煮熟后，捞出沥干。
3. 热锅下油，放入蒜炒香，将蒜捞出，把油淋在蚕豆上，加盐拌匀，用红辣椒点缀即可。

宜 √ 此菜对精神萎靡不振者有益。

忌 × 患疮痘期间不要食用此菜。

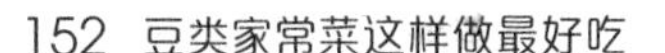

增强免疫力

口蘑炒蚕豆

材料

口蘑 150 克，蚕豆、胡萝卜各 200 克。

调料

盐 3 克，鸡精 2 克，食用油、醋各适量。

做法

1. 蚕豆去皮，洗净备用；胡萝卜洗净，切块；口蘑洗净，切块。
2. 热锅下油，放入蚕豆略炒，再放入胡萝卜、口蘑，加盐、鸡精、醋调味，炒至断生，装盘即可。

大厨献招

选购体形圆直、表皮光滑、色泽橙红的胡萝卜为佳。

宜 √ 正在减肥的人群可适当多食口蘑。

忌 × 容易过敏的人应慎食此菜。

开胃消食

蚕豆炒腊肉

材料

蚕豆 250 克，腊肉 200 克，胡萝卜 50 克。

调料

盐 3 克，鸡精 2 克，食用油、醋、水淀粉各适量。

做法

1. 蚕豆去皮，洗净备用；腊肉泡发洗净，切片；胡萝卜洗净，切片。
2. 热锅下油，放入腊肉略炒，再放入蚕豆、胡萝卜一起炒，加盐、鸡精、醋调味，待熟，用水淀粉勾芡，装盘即可。

大厨献招

加点酱油调味，味道会更好。

宜 √ 便秘患者可适当多食胡萝卜。

忌 × 胃溃疡及十二指肠溃疡患者最好少食此菜。

开胃消食

培根炒蚕豆

材料

培根 150 克，蚕豆 350 克。

调料

盐 3 克，鸡精 2 克，干红辣椒 5 克，食用油少许。

做法

1. 蚕豆去皮，洗净备用；培根洗净，切丝；干红辣椒洗净，切段。
2. 锅下油烧热，放入蚕豆翻炒，加盐、鸡精调味，炒至断生，装盘。
3. 另起锅，入干红辣椒爆香，再放入培根，炒熟后盛在蚕豆上即可。

宜 √ 蚕豆中含有大量蛋白质，可以预防心血管疾病。

忌 × 有严重肾病者不宜食用此菜。

利湿消肿

五香蚕豆

材料

蚕豆 300 克。

调料

盐 3 克，干红辣椒 15 克，食用油、香油、五香粉各适量。

做法

1. 蚕豆洗净备用；干红辣椒洗净，切段。
2. 锅入水烧开，放入蚕豆煮熟后，捞出沥干，装盘。
3. 热锅下油，入干红辣椒爆香，加盐、香油、五香粉炒匀，淋在蚕豆上，拌匀即可。

宜 √ 此菜对皮肤粗糙者有益。

忌 × 肾衰竭患者不宜多食此菜。

提神健脑

蚕豆炒虾仁

材料

蚕豆 250 克，虾仁 80 克。

调料

食用油少量，香油、生抽各 5 毫升，味精 5 克，盐 3 克。

做法

1. 将虾仁洗净，放入盐水中泡 10 分钟，捞出，沥干水分；蚕豆去壳，洗净，放在开水锅中焯一下水，捞出，沥干水分。
2. 油锅烧热，将蚕豆放入锅内，翻炒至熟，盛盘待用。
3. 将油锅烧热，加入虾仁、香油、生抽、味精、盐炒香，倒在蚕豆上即可。

宜 √ 此菜对胃口不佳者有益。

忌 × 肝阳上亢者不宜多食虾肉。

增强免疫力

火腿炒蚕豆

材料

熟火腿 75 克，蚕豆 300 克。

调料

白汤、盐、味精、水淀粉、食用油、香油各适量。

做法

1. 蚕豆去壳，洗净后待用，熟火腿切成指甲片状。
2. 起油锅，将蚕豆放入油中炸至熟后捞出，锅内留少许油，放入火腿片、蚕豆略炒。
3. 加入白汤、盐、味精，调好味，勾薄芡，淋上香油，起锅盛盘即可。

宜 √ 此菜对心神不安者有益。

忌 × 尿路结石患者不宜多食此菜。

开胃消食

巴蜀老胡豆

材料

蚕豆 250 克，红辣椒 30 克。

调料

盐 3 克，鸡精 2 克，葱花、辣椒酱、酱油、醋各适量。

做法

1. 蚕豆洗净，备用；红辣椒去蒂洗净，切圈。
2. 锅入水烧开，放入蚕豆煮熟，捞出沥干，装盘。
3. 加盐、鸡精、辣椒酱、酱油、醋、红辣椒、葱花拌匀即可。

大厨献招

蚕豆以颗粒大、果仁饱满的为佳。

宜 √ 此菜对食欲不振者有益。

忌 × 肾功能不全者最好少吃此菜。

排毒瘦身

茴香拌蚕豆

材料

茴香 30 克，蚕豆 300 克。

调料

盐 3 克，香油、醋各适量。

做法

1. 蚕豆去皮，洗净备用；茴香洗净焯水备用。
2. 锅入水烧开，放入蚕豆煮熟后，捞出沥干，装盘。
3. 加盐、香油、醋、茴香一起拌匀即可。

大厨献招

也可以用干茴香调味。

宜 √ 此菜对免疫力低下者有益。

忌 × 有慢性消化道疾病的人不宜多食此菜。

提神健脑

泡红辣椒拌蚕豆

材料

蚕豆 300 克，泡红辣椒 20 克。

调料

盐、味精各 3 克，香油 10 毫升。

做法

1. 蚕豆去外壳，再剥去豆皮，洗净。
2. 泡红辣椒洗净，切小粒。
3. 将蚕豆放入蒸锅内隔水蒸熟，取出晾凉，放盘内，加入泡红辣椒粒、盐、香油、味精，拌匀即成。

大厨献招

拌蚕豆时加上少许蒜蓉，此菜味道更佳。

宜 √ 此菜对营养不良者有益。

忌 × 感冒发热者不宜食用此菜。

美容养颜

清炒蚕豆

材料

蚕豆 300 克，香菇、胡萝卜各 100 克。

调料

盐 3 克，鸡精 2 克，食用油、醋、水淀粉各适量。

做法

1. 蚕豆去皮，洗净备用；香菇洗净，切块；胡萝卜洗净，切片。
2. 热锅下油，放入蚕豆炒至五成熟时，再放入香菇、胡萝卜一起炒，加盐、鸡精、醋调味。
3. 待熟，用水淀粉勾芡，盛盘即可。

宜 √ 此菜对消化不良者有益。

忌 × 子宫脱垂患者不宜食用此菜。

开胃消食

雪里蕻炒蚕豆

材料

雪里蕻 100 克，蚕豆 350 克，红辣椒少许。

调料

盐 3 克，鸡精 2 克，食用油、酱油、醋各适量。

做法

1. 蚕豆去皮，洗净备用；雪里蕻洗净，切碎；红辣椒去蒂洗净，切片。
2. 热锅下油，放入蚕豆炒至五成熟，再放入雪里蕻炒匀，加盐、鸡精、酱油、醋调味。
3. 炒至断生，用红辣椒点缀即可。

大厨献招

加点香油调味，味道会更香。

宜 √ 此菜对神经衰弱者有益。

忌 × 胃下垂患者不宜多食此菜。

美容养颜

葱香拌蚕豆

材料

蚕豆 300 克，胡萝卜 100 克

调料

葱 10 克，盐 3 克，胡椒粉、香油各适量

做法

1. 蚕豆去皮，洗净备用；胡萝卜洗净，切片；葱洗净，切花。
2. 锅入水烧开，放入蚕豆煮熟后，捞出沥干，装盘，加盐、胡椒粉、香油拌匀，撒上葱花。
3. 将切好的胡萝卜摆好盘即可。

宜 √ 此菜对体虚乏力者有益。

忌 × 痢疾患者不宜多食此菜。

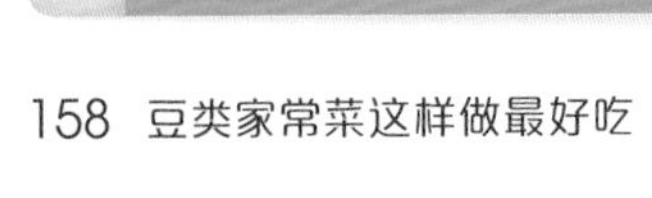

增强免疫力

回味豆

材料

蚕豆 400 克，豌豆 50 克。

调料

盐 3 克，鸡精 2 克，红油、醋各适量。

做法

1. 蚕豆、豌豆均洗净备用。
2. 锅加水烧开，放入蚕豆、豌豆，加盐、鸡精、红油、醋调味，一起煮熟，起锅装盘即可。

大厨献招

可根据个人口味，加适量青菜一起烹饪。

宜 √ 此菜对气血不足者有益。

忌 × 肾炎患者不宜多吃此菜。

提神健脑

香葱五香蚕豆

材料

蚕豆 400 克。

调料

葱、红辣椒各 10 克，盐 3 克，食用油、五香粉各适量。

做法

1. 蚕豆洗净备用；葱洗净，切花；红辣椒去蒂洗净，切末。
2. 锅下油烧热，放入蚕豆炸至熟透，锅内留少许油，加盐、五香粉炒匀，装盘。
3. 撒上葱花、红辣椒粒即可。

大厨献招

炸蚕豆时，宜用中火。

宜 √ 此菜对免疫力低下者有益。

忌 × 皮肤病患者不宜多食此菜。

开胃消食

红辣椒拌蚕豆

材料

红辣椒 30 克，蚕豆 250 克。

调料

盐 3 克，葱 5 克，红油、酱油、醋各适量。

做法

1. 蚕豆洗净备用；红辣椒去蒂洗净，切段；葱洗净，切花。
2. 锅入水烧开，放入蚕豆煮熟，捞出沥干，装盘，加盐、红油、酱油、醋、红辣椒拌匀，撒上葱花即可。

大厨献招

加点辣椒酱调味，味道会更好。

宜	√ 此菜对营养不良者有益。
忌	× 脾胃湿盛者不宜多吃此菜。

美容养颜

蚕豆炒韭菜

材料

蚕豆 250 克，韭菜 100 克，红辣椒 50 克。

调料

盐 3 克，鸡精 2 克，食用油、酱油、醋各适量。

做法

1. 蚕豆洗净备用；韭菜洗净，切段；红辣椒去蒂洗净，切条。
2. 热锅下油，放入蚕豆炒至五成熟时，再放入韭菜、红辣椒一起炒，加盐、鸡精、酱油、醋调味，稍微加点水烧一会儿，待熟，起锅装盘即可。

宜	√ 此菜对消化不良者有益。
忌	× 高热神昏者不宜多食此菜。